Geraldine Schüle

Unser wilder Hof

GERALDINE SCHÜLE

UNSER WILDER HOF

Von Kühen, Content und dem Mut, die eigenen Träume zu leben

dtv

MIX
Papier | Fördert gute Waldnutzung
FSC® C014496

Originalausgabe 2025

Tumblingerstraße 21, 80337 München
produktsicherheit@dtv.de
Umschlaggestaltung: Umschlaggestaltung: SERIFA, Christian Otto
Umschlagfoto: © fotofilmdesign.com
Autorinnenfoto auf Umschlag: © fotofilmdesign.com
Gesetzt aus der Dante
Layout & Satz: Gaby Michel, Hamburg
Druck und Bindung: GGP Media GmbH, Pößneck
Printed in Germany · ISBN 978-3-423-26439-6

Inhalt

Prolog:
Von Skizzen und der Realität

In meiner Kindheit hatte ich einen ganzen Ordner voller Skizzen. Im Grunde war es immer wieder dieselbe Skizze mit unterschiedlich ausgeführten Details. Wieder und wieder dasselbe Bild. Ich hatte so lange zeichnen wollen, bis alles an meiner Planung perfekt war. Damals wusste die Welt noch nichts von Drohnen, wohl aber von Luftbildern und Landkarten. Und genau so eine Landkarte legte ich an. Zunächst ein kleines Sträßchen, das zu einem länglichen Haupthaus führte. Davor ein Parkplatz. Am besten mit herrschaftlich großem Kreisverkehr, damit man entspannt parken und weiterfahren konnte. Neben dem Haupthaus lagen die Wirtschaftsgebäude. Wenn man auf meinen Skizzen durch die Tür des Haupthauses trat, kam man meist in einen großzügigen Eingangsbereich, dazu durfte eine Lobby mit Rezeption und Küche nicht fehlen. Im oberen Stock gab es Gästezimmer und Seminarräume. An der Rückseite des Hauptgebäudes gelangte man über eine Terrasse ins Freie. Dort warteten ein Gemüsegarten, ein Bienenhaus, ein Offenstall für Esel und Schafe, ein Spielplatz, Obstbaumwiesen, ein Wald mit Schwimmteich, den man mit dem Floß erkunden konnte, sowie Stellplätze für Vans und Zelte.

Stundenlang habe ich mich als Kind damit beschäftigt, wie der Wohn-, und Arbeitsort meiner Träume aussehen sollte. Wie er optimal strukturiert und eingerichtet sein könnte. Ein Ort, an dem Eleganz und Landleben zusammenkommen. Ein Ort zwischen Trubel und Rückzug. Zwischen Wirtschaftlichkeit und Schönheit. Zwischen historisch und modern. Zwischen Öffentlichkeit und Privatleben. Mir war selbstverständlich nicht klar, was ein solches Projekt, ein solcher Ort, an Kosten verursacht. Mir war nicht klar, was es bedeutet, Anträge für die Bauvorhaben zu stellen, für eine kleine Landwirtschaft oder gar eine Hotellerie. Ich hatte zum Glück noch keinen blassen Schimmer von Unternehmensgründung oder Steuerrecht oder davon, was alles erforderlich ist, um ein großes Grundstück und die dazugehörigen Gebäude in Schuss zu halten. Was mich interessierte, war die perfekte Aufteilung. Die perfekte Architektur und Struktur meines Traumortes.

Bis heute ist keine dieser Skizzen aus meiner Kindheit Wirklichkeit geworden. Ehrlich gesagt, ist keine einzige meiner jemals angefertigten Skizzen bisher Realität geworden. Weder die aus der Kindheit noch die ungezählten Zeichnungen zu unseren Bauprojekten der letzten Jahre. Genauso verhält es sich mit den Ideen und Träumen von der Zukunft, die ich mir in meinem Kopf in den verschiedenen Phasen meines Lebens ausgemalt habe. Das haben »perfekte« Pläne wohl so an sich. Und das ist gut so. Das nennt man Leben. Es ist ein sich stetig wandelnder Prozess. Keine starre perfekte Skizze.

Heute würde ich aber mit voller Überzeugung sagen, dass die Realität für mich wertvoller ist als der schönste Traum. Weil ich aus den Hürden, Irrwegen und Erfolgen in meinem Leben so viel mehr lernen durfte über die Welt, über die Menschen, über mich selbst.

Heute gibt es keinen Kreisverkehr vor unserem Hof. Keinen

Schwimmteich am Waldesrand. Keine Gästezimmer und keine Van-Stellplätze auf der grünen Wiese. Und das wird auch so bleiben. Die Balance zwischen Öffentlichkeit und Privatsphäre hat sich für uns anders entwickelt, als ich es damals skizziert hatte. Anders, als ich es mir jemals hätte vorstellen können. Wir haben uns ganz bewusst gegen Hotellerie auf unserem Hof entschieden oder gar ein Restaurant. Dennoch sind wir jeden Tag mittendrin. Wir leben ganz weit draußen und stehen gleichzeitig im Austausch mit der Welt. Wir gewähren Hunderttausenden Menschen Einblicke via Social Media in unser Hofleben und in die Abenteuer, die wir hier draußen erleben. Der Kreisverkehr vor dem Hof wäre bei vielen Besucherinnen und Besuchern hoffnungslos verstopft, egal, wie groß wir ihn dimensioniert hätten. Ich bin unendlich dankbar, dass wir den digitalen Weg in die Öffentlichkeit genommen haben, denn wir haben jeden Tag die Freiheit zu wählen, welche Einblicke wir bieten möchten. Das geschäftige Treiben der analogen Welt haben wir hier phasenweise immer wieder durch Familie, Freunde, Bekannte und Helferinnen und Helfer, und so lieben wir es. All diese Menschen beherbergen wir in provisorisch hergerichteten Zimmern in unserem sanierungsbedürftigen Hof, in Wohnwagen, Vans und im Tiny House hinter dem Wohnhaus.

In dieser Hinsicht ist mein Traum dann doch Realität geworden. Anders und dennoch so ähnlich, wie ich es seit meiner Kindheit geplant und manifestiert habe. Der Zugang über die Terrasse zu den Tieren, die Obstbaumwiesen, der Wald, die ländliche Küche … Viel wichtiger als die genaue Realisierung meiner Skizzen ist aber das Lebensgefühl, das ich heute im Herzen trage. Es ist genau das Gefühl, das ich mir in meiner Kindheit erhoffte, wenn ich meinen Traumort zwischen Trubel und Ruhe, zwischen Mensch und Natur, zwischen Gemeinschaft und Autonomie zeichnete und plante. Das Gefühl ist geblieben. Das Bild in der Realität hat sich verändert. Es wird sich immer weiter wandeln. Dafür sorgen wir jeden Tag.

Wir haben diesen 500 Jahre alten Hof nicht in der Hoffnung gekauft, dass unser Leben irgendwann schöner und besser ist, wenn hier nur erst alles perfekt saniert ist. Sicher wird vieles einfacher sein mit Zentralheizung und einem dichten Dach. Wir haben uns aber mit dem Kauf unseres wilden Hofs für ein Lebensgefühl entschieden. Einen Zustand zwischen Anstrengung, Freiheit und Genuss. Zwischen der weiten Welt und unserer Abgeschiedenheit. Zwischen digital und analog. Und mit diesem Lebensgefühl sind wir glücklich. Wir sind glücklich, hier gemeinsam die nächsten Jahre in Provisorien zu leben. Jeden Tag vor einem Berg Arbeit zu stehen und am Abend mit müden Füßen, schweren Knochen und glücklichen Herzen ins Bett – äh, Zelt – zu fallen. Unterwegs zu sein. Lebendig zu sein. Im ständigen Prozess. Nicht am Ziel.

Der Ort, an dem wir seit nun zwei Jahren leben, wirkt aktuell noch wie eine Skizze seiner selbst. In den letzten Jahrhunderten wurde hier wenig saniert. Es wurde viel, sehr viel Landwirtschaft betrieben, aber die Natur holt sich die frei gehaltenen Weideflächen schnell zurück. Genau deshalb aber haben wir uns auf den ersten Blick verliebt: in die Weite und Wildheit der Gegend rund um den Hof mit seinem traumhaften, sonnigen Blick über den Schwarzwald. In das schlafende Potenzial der 500 Jahre alten Gebäude.

Es gibt so vieles, was uns das echte, raue Leben hier draußen lehrt. So vieles, was wir nur lernen durften, weil wir es selbst zu spüren bekommen haben. Wir sind voller Dankbarkeit für alles, was uns heute umgibt. Für alles, was wir aus eigener Kraft erschaffen haben und jeden Tag aus vollem Herzen mit der Welt teilen können. Von den Abenteuern, die uns hergeführt haben, die wir täglich hier durchleben, und von den Dingen, die wir auf unserem Weg gelernt haben und noch immer lernen, möchte ich euch in den nächsten Kapiteln erzählen. Von den Träumen, die wir aus eigener Kraft realisieren.

1
Der Lausbub vom Land und die Dame von Welt

Wie wir die Anziehungskraft der Gegensätze nutzen

Vielleicht fing all das hier schon viel früher an, als mir manchmal bewusst ist. Vielleicht in jener wegweisenden Vollmondnacht, an die ich mich noch erinnere, als sei es erst gestern gewesen. Ich war vielleicht 14 oder 15 und besuchte seit einigen Jahren regelmäßig einen Bauernhof in der Nähe des Dorfes, in dem ich aufgewachsen bin, um dort beim Ziegenmelken zu helfen, mit den Pferden auszureiten oder in der Heuzeit mit anzupacken.

Oft waren meine Eltern mit meiner Schwester und mir auf Reisen. Sie waren Schausteller und wir immer unterwegs. Mit einem elf Meter langen Wohnwagengespann, einem Handlesezelt, unzähligen Musikinstrumenten und Holzspielsachen, die unser Vater auf Mittelaltermärkten verkaufte, zogen wir von Ort zu Ort. Ich liebte das viele Unterwegssein. Das Vagabundenleben. Die bunten und auch eigenbrötlerischen Menschen, die ich kennenlernte, weil ich auf den Märkten, Messen und Festen aufwuchs, wo unsere Eltern ihre Waren anboten, aus den Händen lasen oder Musik spielten. Waren wir aber zurück in unserer Doppelhaushälfte auf dem Dorf, die uns als gutbürgerliche Basisstation für eine unbekümmerte Kindheit diente, zog es mich auf jenen Bauernhof im Nachbarort. Dort gab es nicht nur zwei Kinder, wie bei uns, sondern gleich sechs. Ein Mädchen und fünf Jungs. Dazu zwei Pferde, einige Ziegen, Schafe, Katzen, Hunde und Hühner.

Wenn ich die zwei Kilometer auf meinem kleinen Fahrrad über Wiesen und Felder von unserem Zuhause zum Hof geradelt war und meine Tretmühle – natürlich aus einem Zeitalter ohne »E« – an der Scheunenwand auf dem Hinterhof abgestellt hatte, gab es immer etwas zu tun. Und es gab eine Menge Spielkameraden für mich. Drei der Hofkinder waren älter als ich. Die anderen drei jünger. Die meiste Zeit durfte ich den Älteren zur Hand gehen, die bereits in ihren frühen Zwanzigern die Nebenerwerbslandwirtschaft weitgehend übernommen hatten. Das war nicht ungewöhnlich, schließlich arbeiteten sie in diesem jungen Alter bereits seit über zehn Jahren gemeinsam mit dem Vater in der Landwirtschaft, da ließ sich ein Nebenerwerb anscheinend mit Leichtigkeit stemmen. Besonders die beiden Ältesten nahmen mich mit, wann immer es ging. Wir holten mit der Pferdekutsche Wasser für die Ziegen aus dem Dorfbrunnen, weil das größere Freude machte, als den alten Traktor zu fahren. Wir schliefen im Heu unterm Sternenhimmel und verarzteten Ziegen und Babykatzen mit selbst gebrauten Hausmittelchen. Es gab so unendlich viel Arbeit auf dem Hof und die beiden ältesten Geschwister verrichteten einen Großteil davon bis in den November hinein sogar barfuß.

Heute blicke ich anders auf diese Zeit zurück. Jetzt, wo ich selbst für Babykatzen, Kühe, Weideflächen und Lämmer sorge, spüre ich, dass man durch die große Verantwortung auch etwas von der bilderbuchhaften Leichtigkeit einbüßt, die so ein Bullerbü-Leben bieten kann. Mit Anfang zwanzig hatten die Kinder auf dem Hof schon mehr Verpflichtungen als andere Menschen in ihrem ganzen Leben. Damals aber war all das für mich ein großes, wildes Spiel. Jene Jahre und jene Menschen haben mich so stark geprägt, dass ich bis heute viele Entscheidungen aufgrund dieses Vorbildes treffe. Ihr Fleiß, ihre harte Arbeit, ihre unaufgeregte Art, Problemen und Herausforderungen zu begegnen, und ihre Offenheit haben mich tief beeindruckt. Ich bin bis heute unendlich dankbar für alles, was sie mir vorgelebt haben, was ich mit spielerischer Leichtigkeit von ihnen lernen durfte. Für die Art und Weise, wie ich langsam erwachsen werden durfte, zwischen der großen, weiten Welt und einem Ort in der Natur, der für mich mehr Heimat bedeutete, als ich damals ahnte.

Aber nicht nur die beiden ältesten Kinder schalteten und walteten ganz selbstverständlich auf diesem Hof. Auch der Dritte im Bunde, vier Jahre älter als ich, ging auf dem Hof seinem Tagwerk nach. Die Älteste lernte Landwirtin, der Nächste Landschaftsgärtner und der Dritte steckte gerade in den Anfängen der Lehre zum Zimmerer. So kam es, dass er einen ehemaligen Schweinestall zum Ferienhaus umbaute, nebenbei aber auch an Mopeds herumschraubte oder gar Fahrzeuge komplett neu erfand und natürlich auch zusammenschweißte. Ich erinnere mich da zum Beispiel an ein vier Meter langes Moped mit drei Sitzen, das als Schulbus für die Hofkinder fungieren sollte und schlussendlich lediglich für wilde Verfolgungsjagden mit der Dorfpolizei durch die Reben sorgte.

Zwar war dieser junge Mann mir altersmäßig am nächsten, jedoch hatte er nicht das Gefühl, sich um kleine Reitermädchen kümmern zu müssen, die eigentlich auch gerne mitspielen wollten. Meistens hing er mit seinen Jungs in der Werkstatt herum, schraubte an besagten Motoren, baute Ställe und Dächer oder war in der Backstube auf dem Nachbarhof eingespannt, um sich das Geld für die Werkzeuge zu verdienen, die er brauchte, um seine zahlreichen Pläne in die Tat umzusetzen. Wir hatten kaum

Berührungspunkte im Hofalltag, und in der Pubertät sind vier Jahre ältere Kerle vom Dorf ein Buch mit sieben Siegeln für kleine Mädchen von Welt. Jedoch, das muss ich erwähnen, wecken gerade solche Bücher, in die man nicht hineinsehen kann, großes Interesse, nicht wahr?

Eines lauen Sommerabends kam die älteste Tochter kichernd in den Offenstall der Pferde geschlichen, wo ich gerade damit beschäftigt war, die Pferdeäpfel des Tages mit Schaufel und Rechen in eine rostige Schubkarre zu befördern. »Die Pfadfinder haben wieder Sommerlager auf der Wiese beim Nachbarhof. Kommst du mit, Pfadfinder erschrecken? Wenn es dunkel ist, geht es los. Ich habe Töpfe und Pfannen aus der Küche geholt. Damit können wir ordentlich Krach machen. Außerdem haben wir Kabelbinder. Damit verschließen wir die Zelte, dann können sie uns nicht fangen.« Hocherfreut sprang ich ihr hinterher. Meistens war sie es, die irgendeinen Schabernack einfädelte, den ihre Brüder dann mit der größten Begeisterung in die Tat umsetzten. Neben der Scheuneneinfahrt hatten sich bereits die beiden anderen versammelt. Der Gärtner und der Zimmerer. Letzterer füllte gerade einen ganzen Bollerwagen mit Wasserbomben.

Etwas später, als die Sonne hinter den hohen Schwarzwaldbergen versunken war, schlichen wir vier in lange Umhänge gehüllt und mit zwei Bollerwagen voller Pfadfindererschreckungsutensilien hinüber zur Wiese des Nachbarn. »Wir sollten zuerst einen ordentlichen Plan austüfteln, damit sie uns nicht schnappen können«, flüsterte der ältere Bruder, während wir die Pfadfinder von einer Anhöhe aus dabei beobachteten, wie sie ihre letzten Lieder sangen und dann nach und nach gähnend in ihren Zelten verschwanden. Ein Feuer loderte in der Mitte ihres Lagers und erhellte die Vollmondnacht.

Der Plan lautete sodann wie folgt: Unsere Pfadfindererschreckungsaktion sollte damit beginnen, dass wir Mädchen die Zelte mit Kabelbindern zuzurrten, der Zimmerer würde derweil mit zwei Eimern Wasser in die Mitte des Lagers schleichen und das Feuer löschen. Danach sollten alle Zeltschnüre gezogen werden, um die Behausungen zum Einstürzen zu bringen, während einer von uns aus dem nahe gelegenen Wald mit Töpfen und Pfannen einen ohrenbetäubenden Krach veranstalten sollte, um die Pfadfinder auf eine falsche Spur zu locken. Waren sie dann alle in den Wald gerannt, sollten sie dort mit Wasserbomben beworfen werden, die wir zuvor sorgfältig überall deponiert hatten.

Der Plan war genial. Die Ausführung allerdings … wild. Bei über zwanzig Pfadfindern mit drei erwachsenen Betreuern braucht man wohl eine noch akribischere Vorbereitung. Das mit dem Löschen des Feuers klappte, allerdings waren wir mit dem Zubinden der Zelte nicht schnell genug vorangekommen, sodass bald eine Horde wild gewordener Pfadfinder hinter uns her war. Die Übrigen waren schneller befreit, als wir gucken konnten, weil Pfadfinder zur Beseitigung störender Kabelbinder jederzeit ein Messer griffbereit haben. Eine echte Verfolgungsjagd, wie im Wildwestfilm, begann. In dem ganzen Gewusel schafften wir es immerhin, einen Teil der Pfadfinder in den Wald zu locken, sodass die älteste Schwester und ich noch einige Zelte zum Einstürzen bringen konnten und Schlafsäcke und Isomatten auf die Wiese zogen, während die beiden Brüder oben im Wald einige Wasserbomben treffsicher auf den Bäuchen der Pfadfinder platzen ließen. Dann aber mussten wir rennen, um nicht von einer anderen Gruppe Pfadfinder im Schlafanzug geschnappt zu werden.

In all dem Durcheinander flüchtete ich in Richtung Ziegenstall, mit dem Plan, mich dort im Heu zu verstecken und nach einer kurzen Verschnaufpause barfuß durch einen Wald voller Brennnesseln zu verschwinden. Ich war inzwischen völlig außer Atem, hatte meine Komplizen verloren und verfluchte mich dafür, keine Schuhe angezogen zu haben, weil ich besser ins Bild der Bauernhofgangster hatte passen wollen. Mindestens zwei Pfadfinder hatten sich an meine Fersen geheftet. Ich hoffte inständig, im Ziegenstall einen Unterschlupf zu finden, wo ich in Ruhe durchatmen konnte. Gefangene in einem Pfadfinderlager zu werden, wäre sicherlich ebenfalls ein Erlebnis geworden, das ich bis heute nicht vergessen hätte, auf das ich aber auch bis heute gerne verzichte.

Meine Rettung wartete einige Meter vor dem Ziegenstall: der Zimmerer. Gekleidet in einen schwarzen langen Umhang und mit meinem Cowboyhut auf dem Kopf. Den Hut hatte ich ihm vor dem Abenteuer als Verkleidung ausgehändigt, obwohl es mein heiligstes Kleidungsstück war. Mein Reisehut, der mich auf allen Tourneen mit unseren Eltern begleitete. Ich ging nie los ohne meinen Hut. In dieser Nacht aber hatte ich mich großmütig dazu entschieden, ihn zu verleihen. »Los, hier rein. Ich lenke sie ab!«, rief der Zimmerer, während ich völlig außer Atem auf ihn zusteuerte. Der Adrenalinkick in unserer misslichen Lage hatte ihn wohl doch dazu veranlasst, ein Herz für kleine Reitermädchen zu entwickeln. Oder überhaupt einmal zu registrieren, dass sie existierten. Er deutete im Mondschein auf einen dicken Busch, und mit einem Satz, bei dem ich mir Arme und Beine zerkratzte, sprang ich hinein. Die dichten Blätter umhüllten mich und ich fühlte mich unsichtbar in der Dunkelheit der Nacht. Von meinem Platz aus beobachtete ich, wie der Zimmerer über den Heustock und die Regenrinne bis auf das Dach des großen Ziegenstalls kletterte. Die Pfadfinder, die bis eben noch auf Reitermädchenjagd gewesen waren, versuchten nun, der Gestalt auf dem Dach des Stalls zu folgen. Der Zimmerer stand inzwischen auf dem First. Den schwarzen Hut tief ins Gesicht gezogen, der wehende Umhang vom Wind aufgebläht, und hinter ihm der Vollmond, der seine Silhouette scharfkantig absetzte. Unter ihm die verzweifelten Versuche der Pfadfinder, einen Weg auf das Dach zu finden. Für mich jedoch blieb die Welt in diesem Moment für einen Augenblick stehen. Das Bild des jungen Mannes dort oben, seine Geschicklichkeit, sein Mut und seine Hilfsbereitschaft. All das brannte sich in mein Herz und dort sitzt es bis heute.

Die wilde Vollmondnacht endete mit einem langen, schmerzhaften Heimweg durch den Brennnesselwald und einem Anruf des Pfadfinderhäuptlings auf dem Bauernhof. Natürlich hatte sich niemand gefragt, wer nur die geheimnisvollen Gestalten gewesen sein konnten, die in der vergangenen Nacht für derlei Unruhe und Aufregung gesorgt hatten. Es war allen klar. Wir aber wussten natürlich von nichts.

Der Zimmerer – er hieß übrigens Patrick – und ich wurden beste Freunde. Kaum jemand traf uns einzeln an. Und eines ist sicher: Wir durchlebten wilde Zeiten. Leicht war es natürlich nicht immer, denn den Dickkopf hatten wir beide »ab Werk« mit dabei. Sozusagen in der Standardausführung. Einige Wochen nach der Pfadfindererschreckungsaktion bekam Patrick seinen ersten Auftrag für den Bau eines Bauwagens. Eine Ziegenhirtin wollte dort ihre Käserei unterbringen. So kaufte Patrick auf einem Bauernhof im Schwarzwald ein altes Fahrgestell, besorgte Holz, Fenster und Blech für das Dach. Auf speziellen Kundinnenwunsch hin wurden die Wände mit Gesteinsmehl verstärkt, um dem Kunstwerk eine besondere Aura und »Schutz vor Strahlung« zu verleihen. Leider hatte niemand daran gedacht, dass beim Bau eines Wagens das Gesamtgewicht ein nicht zu unterschätzender Faktor ist. Auch wenn er später die meiste Zeit einen festen Platz haben sollte. Am Ende war der Wagen zu schwer, um ihn auf dem kleinen Fahrgestell an seinen Zielort bewegen zu können. Und die Ziegenhirtin stellte obendrein fest, dass er, so wie sie ihn geplant hatte, zu klein war für ihre Käserei, die gleichzeitig ihre Wohnstätte sein sollte.

So kam es, dass Patrick selbst dort einzog. Und hier beginnt eine Odyssee, die sich durch unser Leben zieht, bis heute: das Wohnen in nicht gerade normgerechten Behausungen. Bei Patrick ist der Fall besonders speziell, denn seit er weiß, wie man einen Akkuschrauber benutzt, ist er permanent damit beschäftigt, Wohnraum zu schaffen, zu sanieren, um- oder anzubauen. Bis heute aber laufen wir dem »schöneren Wohnen« noch immer hinterher. Aktuell schlafen wir in einem Safarizelt vor einer bröckelnden Bruchsteinwand auf einem komplett maroden 500 Jahre alten Bauernhof. Keiner weiß so genau, warum wir diesen langen Weg gehen. Aber wir tun es. Womöglich, weil wir unsere ganz eigene Art zu leben gewählt haben. Eine Art zu leben, in der jeder von uns seine Potenziale entfalten und seine Stärken einbringen kann. Eine Art zu leben, die viel Anstrengung und Entbehrung aber noch mehr Lebendigkeit bedeutet. Wir schreiben unsere ganz eigene Geschichte. Eine Geschichte, die sich im Laufe dieses Buches entfalten wird.

In unseren Zwanzigern war ein Fixpunkt unseres Lebens als beste Freunde das mittelalterliche Stadtfest, zu dem wir jedes Jahr einen Bauernhof mitten in einem nahe gelegenen Städtchen aufbauten. Mit allem Schnickschnack, der dazugehört: Schafe, Schweine, Hühner, Esel, eine Apfelsaftpresse oder eine Holzschindelwerkstatt. All das drapierten wir in wochenlanger Vorarbeit gemeinsam mit einigen Freunden und Bekannten als lebendige Kulisse neben der Kirche. Natürlich mussten wir im Heu nächtigen, während das Fest im Gange war, um auch zu später Stunde ein Auge auf die Tiere zu haben. Wie man sich denken kann, waren solche

Nächte geprägt von wenig Schlaf, viel Lagerfeuerrauch und einer Menges Bier aus Tonkrügen. An Duschen oder frische Kleidung war drei Tage lang nicht zu denken. Steckte man einmal in mittelalterlichen Lumpen, wurden diese mit jedem Quäntchen Feuerrauch, Schweiß und Schafmist nur authentischer. Hin und wieder musste ich mich aber doch aus dem mittelalterlich-bäuerlichen Gewand schälen und in ein langes grünes Kleid aus Samt schlüpfen, um mit der störrischen Haflingerstute, die Patrick und seinen Geschwistern gehörte, zu einer Freilichtbühne hinüberzureiten. Dort angekommen, bestand meine Aufgabe darin, in einem Theaterstück – bei dem ich in all dem Trubel nicht einmal wusste, wovon es eigentlich handelte – das holde Burgfräulein zu mimen und ein paar auswendig gelernte Sätze ins Publikum zu schmettern. Patrick war da fein raus. Er spielte immer den betrunkenen Studenten in Goethes *Faust*. Nichts hätte er authentischer darbieten können. So viel ist sicher. Und sehr wahrscheinlich waren diese Jahre auf dem Mittelalterfest eine große Inspiration und nicht zuletzt ein Grund dafür, dass wir uns schon längst auf eine ganz besondere Weise ineinander und später auch in einen 500 Jahre alten Bauernhof verliebten.

Nach der Lehre zum Zimmerer ging Patrick nach Stuttgart, um dort Architektur zu studieren. Also zog ich in seine Behausung auf Rädern, um einen ruhigen Ort zu haben, während ich mein Abitur über die Bühne brachte. Seit dieser Zeit habe auch ich nicht mehr in einer herkömmlichen Wohnung oder in einem herkömmlichen Haus gelebt – und es auch bis jetzt nicht vermisst. Mit 17 Jahren, noch während der Schulzeit, reiste ich für vier Monate allein nach Indien. Ohne Plan oder Organisation. Nach dem Abitur dann nach Israel, Palästina, in den Libanon, nach Kenia und Ägypten. Immer allein. Immer mit meinem Rucksack, meinem Notizbuch und einer schlechten Kamera in der Hand. Immer mit dem Plan, eine beharrliche Krisenreporterin zu werden, die aufklärt über die Ungerechtigkeiten auf dieser Welt. Die am Puls des Geschehens lebt und Geschichten schreibt über das Leben anderswo auf der Welt. Ich wollte alles, nur nicht in Deutschland sein. Und schon gar nicht in Süddeutschland, wo ich aufgewachsen war. Ich wollte raus. Ich wollte die Welt erkunden. Ich wollte Adrenalin.

Meine erste Anlaufstation nach dem Abitur wurde jedoch erst einmal Köln. Hier lebte ich mit zwölf Hippies in einem ehemaligen Bauernhaus am Stadtrand, wo wir uns alle Zimmer weitestgehend teilten und die meiste Zeit über eine bessere Welt philosophierten, Lebensmittel aus Abfallcontainern retteten, kaum einen Groschen in der Tasche hatten und im Großen und Ganzen vor allem unsere späte Jugend auskosteten. In dieser Zeit lernte ich viel Neues, traf allerlei bunte, offenherzige Menschen überall auf der Welt und hoffte, dass ich irgendwann Gefallen finden würde an diesem Leben zwischen Großstadt und der großen weiten Welt. Im Grunde aber fühlte ich mich die meiste Zeit leer und konnte dem Studium der Geografie und Ethnologie, das mich auf meinem Weg zur Krisenreporterin weiterbringen sollte, kaum etwas abgewinnen.

Meine innere Rettung kam mit einer Ausbildung zur Zirkustrainerin, die ich berufsbegleitend zum Studium gegen Ende meiner Zeit in Köln begann. Hier gab es für mich so vieles von dem zu lernen, was für mich heute wirklich zählt: Kreativität, das Bewusstsein, dass wir innerlich frei sind, und die Fähigkeit, hin und wieder furchtlos über die eigenen Grenzen zu gehen. Erst durch die Ausbildung zur Zirkustrainerin und meine Arbeit als Regisseurin und Referentin für Storytelling, die mich quer durch Deutschland und auch ins Ausland geführt hat, habe ich etwas über mich verstanden: Ich bin kein Mensch für Zahlen, Daten und Fakten. Ich werde es auch nie sein. Keine akribische Krisenreporterin, die am Puls der Weltpolitik immer den neuesten Stand der Fakten liefert. Meine Stärken liegen in kreativen, mutigen und unkonventionellen Ansätzen. Darin, große Träume zu haben und diese dann auch zu realisieren. Egal, was die Fakten sagen. So gibt es für jeden das Richtige auf dieser Welt. Manchmal dauert es eine gewisse Zeit, sich selbst verstehen zu lernen.

Auch in dieser Zeit konnten Patrick und ich nicht ohneeinander sein. Einen Weg durchs Leben miteinander wussten wir allerdings ebenso wenig zu bestreiten. Und, das muss ich erwähnen, natürlich war unsere enge Freundschaft nicht nur für die Außenwelt sehr undurchsichtig. Auch wir spürten, dass da mehr war. Dass da ein Mensch war, mit dem wir unser Leben teilen wollten. Nur, wie sollte das gehen? Patrick, der verwurzelte, arbeitsame Kerl vom Hof, und ich, die abenteuerlustige Weltreisende. Ich war auf der Suche nach Adrenalin. Patrick hingegen hatte genug Adrenalin. Auf seine Art. Seit seinem achten Lebensjahr hatte er immer mindestens einen Vollzeitjob neben der Schule, seiner Ausbildung, der Selbstständigkeit oder dem Studium gehabt. Er baute Dächer, Scheunen, Tiny Houses, Loftwohnungen, Terrassen, Carports oder Saunen. Die freie Zeit, die ihm neben dem Studium blieb, verbrachte er auf Baustellen. Immer vorwärts. Immer im Aufbau.

Wie also sollte das gehen? Der Herr vom Land und die Dame von Welt? Der Junge vom Bauernhof und das Burgfräulein? Ein doch sehr ungleiches Paar. Und dennoch blieb da immer dieses Knistern. Dieses Feuer, welches zwischen uns loderte. Der Lausbub vom Land hatte durchaus versucht, mit dem Feuer zu spielen. Ein Zimmerer allerdings ist keiner für große Worte. Eher für Taten. Und so kam es, dass wir einige Male an den romantischsten

Plätzen der heimischen Wälder auf einer Decke vor einem Lagerfeuer saßen, uns an einem Glas voll schwerem, trockenem Rotwein festklammerten und inständig hofften, dass die Gesprächspausen nicht zu lang sein würden. Nicht, dass die Funken des Lagerfeuers noch etwas bei uns entflammen würden, von dem wir nicht wussten, wohin es führen sollte. Zu groß war die Angst, vor allem meine, etwas kaputtzumachen und nicht nur meinen besten Freund und den Mann, mit dem ich eigentlich mein Leben verbringen wollte, sondern auch seine Familie zu verlieren.

Auch wenn ich nicht alle Erfahrungen an den entlegensten Orten dieser Welt in meinen jungen Jahren gebraucht hätte, so war es für uns beide doch rückblickend das Beste, geduldig zu sein, sich die Hörner anderweitig zu zerschmettern und Erfahrungen zu sammeln. Ohne diese Erfahrungen, die jeder von uns für sich selbst über das Leben machte, wären wir heute mit Sicherheit nicht so zufrieden auf dem Weg, den wir uns dann schlussendlich doch gemeinsam auserkoren haben.

Patrick in Stuttgart, ich in Köln. Wir sahen uns viel zu selten in dieser Zeit, denn wir waren beide im eigenen Studentenleben angekommen. So kam Patrick auf die Idee, gemeinsam mit dem Fahrrad von Österreich nach Istanbul zu fahren. Vier Wochen Semesterferien, zwei alte Drahtesel, ein noch älteres, undichtes Zelt und ein paar Landkarten aus Papier, mit denen wir das Tor zum Orient finden wollten. Unsere Route führte uns immer am Meer entlang. Sieben Länder, 2500 Kilometer auf den Straßen Europas, ungezählte Pannen und genauso viele Nächte in der Wildnis des Balkans in einem kleinen, schnuckeligen Zelt, das wir jede Nacht irgendwo auf einem Feld, im Wald, hinter Scheunen oder in verlassenen Buchten aufstellten.

Man sollte meinen, dass das Reitermädchen und der Zimmerer

am Ende dieses Unterfangens genügend Gewissheit darüber hatten, dass es keinen besseren Partner fürs Leben geben könnte als die Reisebegleitung, mit der man es durch eigene Muskelkraft, Teamgeist und eine große Portion Mut auf dem Fahrrad bis in die Türkei geschafft hatte. Aber die Zeit war noch nicht reif für uns. Wir blieben stur und nach drei entbehrungsreichen Wochen auf den Rädern und einer ereignisreichen Woche in Istanbul, in der wir uns sogar gemeinsam in einem kleinen, nicht gerade vertrauenerweckenden Tattoostudio dekorieren ließen, kehrten wir zurück, wie wir losgefahren waren. Als Freunde. Vielleicht als noch etwas dickere Freunde, obwohl wir in den drei Wochen auf den Rädern so einige Kilos abgenommen hatten. In Istanbul hatten wir uns jedoch wiederum mit Falafel, Döner und Maronen die Bäuche vollgeschlagen, um den Entbehrungen unterwegs etwas entgegenzusetzen. Nichts Schöneres gibt es auf solchen Reisen als gutes Essen. Eine Menge davon. Denn das ist der Sprit, der die Beine in Bewegung hält.

Patrick verschwand hinterher wieder nach Stuttgart, wo er sein Studium beendete, nach dem Abschluss zog er zurück auf seinen Elternhof. Er wollte sich als Zimmerer selbstständig machen. Gerade in Kombination mit dem Architekturstudium hatte er genügend praktische Erfahrung und theoretisches Wissen gesammelt, um sich eine Existenz aufzubauen. Sein Plan war, so lange Baustellen zu schrubben, bis er sich alle Maschinen kaufen konnte, die in einer voll funktionsfähigen Werkstatt nicht fehlen durften. Auf längere Sicht wollte er jedoch gut gerüstet eine neue berufliche Richtung einschlagen. Was hatten wir für Pläne! Lange Zeit verfolgten wir, vor allem Patrick, die Idee, ein Baumhaushotel zu bauen. Wir beide jedoch sahen uns nicht als aktive Hoteliers. Mit einem Investor zu bauen und es zu verpachten war schon in der Konzeption rein rechnerisch nicht lukrativ. Eine andere Idee war, ins Tiny-House-Business einzusteigen, denn nach dem Auftrag für die Ziegenhirtin hatte Patrick noch andere Tiny Houses geplant und gebaut. Aber auch dieses Feld schien angesichts der deutschen Rechtslage ein eher schwieriger Weg zu sein.

Ich hingegen kehrte nach der Radtour nach Köln zurück, beendete mein verhasstes Studium und auch die geliebte Ausbildung zur Zirkustrainerin, die mich über die Zeit in der Großstadt gerettet hatte. Nachdem alle Zelte in Köln abgebrochen und alle Zeugnisse eingesammelt waren, versuchte ich, ein Lebenskonzept zu verfolgen, welches in jedem Fall mit Reisen, Abenteuern und Kunst zu tun haben sollte. Gemeinsam mit meinem damaligen Partner zog ich los auf Weltreise, mit einem Zirkusbus und gut einstudierten Straßenkunstnummern, die wir in ganz Europa zum Besten geben wollten. Im Prinzip war die Beziehung schon vor Abfahrt zum Scheitern verurteilt gewesen, aber ich hatte einen enormen Dickkopf, wenn es darum ging, Projekte durchzuziehen, die ich mir vorgenommen hatte. Also ging es los. Von Deutschland über Slowenien, Italien und Frankreich nach Spanien. Und hier stieg ich aus. Ich hatte die Schnauze voll. Die Zeit im viel zu engen Hippiebus war alles andere als erfreulich gewesen. Ich verließ meinen damaligen Partner in Spanien, stieg um in den Van eines Straßenmusikerpaares, das wir unterwegs kennengelernt hatten, und durfte drei Nächte in einem 110 Zentimeter breiten Bett in ihrem viel zu engen Hippiebus schlafen, bis sie mich in Granada bei ihren Bandkollegen absetzten. Ich verlebte einige Tage mit sehr netten und hilfsbereiten Auslandsstudierenden auf der Couch und fühlte mich so elend wie schon lange nicht mehr. Einen Plan B hatte ich nicht. Ledigliche eine leise Verzweiflung machte sich breit. Wohin sollte die Reise meines Lebens nun gehen, da alle Ideen rund um mein abenteuerliches Lebenskonzept im Sand verlaufen waren?

Krisenreporterin wollte ich schon lange nicht mehr sein. Ich hatte genug erlebt im Nahen Osten, um zu verstehen, dass die Wahrheit nirgendwo auf der Welt so schwarz und weiß ist, wie Druckerschwärze auf weißem Zeitungspapier es uns bisweilen vermittelt. Nachrichten von anderswo liefern lediglich einen blassen Abglanz der Realitäten vor Ort. Die Wahrheit hat zu viele Facetten, um sie in kurzen Schlagzeilen abzubilden. So zumindest fühlte es sich für mich an. Ein Leben als Straßenkünstlerin war mit den Erfahrungen der letzten Monate ebenfalls hinfällig. Ich wusste zwar, dass ich schon immer gern in Bewegung war, und die Zirkuskünste begleiteten mich seit meiner Kindheit zwischen Feuer spuckenden Gauklern auf Mittelaltermärkten. Gleichzeitig war mir aber klar, dass die Arbeit als Artistin auf der Bühne niemals das sein würde, was mich bis ins Mark meines Seins erfüllen könnte. Ich war schon immer eine Geschichtenerzählerin. Das wusste ich. Nur über die Art und Weise, wie ich meine Geschichten transportieren wollte, war ich mir zu dieser Zeit noch nicht im Klaren.

Patrick hatte sich – während ich noch auf Straßenkunstmission in Europa gewesen war – derweil mit einigen Kumpels in Portugal verabredet und war inzwischen ebenfalls in Richtung Spanien unterwegs, wo er mich vermutete. Er wusste, dass diese Reise nicht gerade das war, was ich mir erhofft hatte. Und so erhoffte er sich, mich im Süden zu treffen und eine nette neue Beifahrerin für seinen selbst ausgebauten Werkstatt-Camping-VW-Bus zu ergattern. Wir hatten uns immer wieder SMS geschrieben und uns auf dem Laufenden gehalten. Also hatte er Gas gegeben, um mich möglicherweise sehr, sehr zufällig in Granada anzutreffen und mir einen Platz in seinem Bus anzubieten.

»Bin am Flughafen. Fliege zurück nach Deutschland. Sehen uns zu Hause. Hab noch eine gute Reise. Geraldine« So oder so ähnlich lautete die SMS, die auf Patricks Handy aufblinkte, als er gerade etwa 100 Kilometer vor Granada auf einem Rastplatz stand. Nun gut, dachte er sich. Dann eben wieder in Richtung Norden. Richtung Heimat. Der Zimmerer verkürzte seine Reise ein wenig und war zwei Wochen später wieder in Deutschland, um das Reitermädchen dort anzutreffen. Kurz bevor er zurück in der Heimat war, hatte sich die Dame von Welt allerdings bereits in ein weiteres Flugzeug gesetzt und war nach Costa Rica aufgebrochen.

Die nächsten vier Monate verbrachte ich in Mittelamerika am Strand unter Palmen und im Bikini-Laden meiner Schwester, die seit einigen Jahren dort lebte und mit einem costa-ricanischen Surflehrer verheiratet war. Sie hatte eine Selbstständigkeit, einen Mann, ihre Hunde und sogar ein paar Angestellte. Ich hatte meinen Rucksack. Keinen Plan. Keine Idee. Nur das Gefühl, meine Potenziale zu vergeuden. Bisher einfach alles in meinem Leben vermasselt zu haben, was ich angegangen war. Manchmal jedoch muss man tiefe Täler durchschreiten, um plötzlich den nächsten Gipfel zu erkennen. Die Zeit in Costa Rica nutzte ich, um ein Buchmanuskript zu schreiben. Zwar landete dieses Buch nie irgendwo bei einem Verlag. Allerdings war es der Beginn meiner Selbstständigkeit. Der Beginn eines beruflichen Wegs, der bis heute ganz anders verlaufen ist, als ich es jemals gedacht hätte.

Was mich am anderen Ende der Welt neben beruflichen Fragen aber vor allem beschäftigte, war: der Zimmerer. Dieser nämlich hatte inzwischen die Schnauze gehörig voll von dem Reitermädchen, das immer nur dem Horizont entgegengaloppieren wollte. Dann sollte sie eben. Mit meiner Flucht nach Costa Rica war für ihn endgültig klar, dass die Dame von Welt niemalsnicht auf einem Bauernhof in der Pampa des deutschen Südens stranden würde, um dort für den Rest ihres Lebens mit ihm Schafe zu hüten oder Heu zu machen, nachdem sie in der Scheune eine zünftige Hochzeit gefeiert hatten. Sollte sie doch allein unter Palmen Kokosnüsse schlürfen, bis ihr schlecht wäre!

In den vier Monaten, die ich am anderen Ende der Welt hockte und versuchte, auf meine wirren Lebensfragen eine Antwort zu finden, konnten meine Schwester und meine Mutter, die ebenfalls einige Zeit mit dabei war, den Namen Patrick schon bald nicht mehr hören. Was könnte ein Burgfräulein mehr beschäftigen als der Bauernjunge, der nun plötzlich seinen Minnedienst beendet hatte? Das Burgfräulein saß nun also allein in ihrem unerreichbaren Turm und starrte in die Leere. Wie oft ist es im Leben so, dass wir erst verstehen, wie wertvoll Dinge sind, wenn wir sie nicht mehr haben?

Ein Vierteljahr später kehrte ich zurück nach Deutschland. Mein Manuskript in der Tasche und den Mut im Gepäck, mein Leben nun endlich in den Griff zu bekommen und mir etwas mehr Beständigkeit und eine Existenz aufzubauen. Mich selbstständig zu machen als Autorin, Werbetexterin oder etwas in dieser Richtung. Wie es der Zufall so wollte, war Patricks älteste Schwester, die Landwirtin, gerade auf ihren eigenen Hof gezogen. Die vorherigen zwei Jahre hatte sie gemeinsam mit Mann und Kind im Bauwagen ihres Mannes auf dem elterlichen Hof gelebt. Der Bauwagen stand noch dort und war leer. Patricks Schwester war damit einverstanden, mir diesen Wagen als Unterschlupf zur Verfügung zu stellen, bis sie auf ihrem neuen Hof gut genug eingerichtet wären, um ihn zu holen.

Nun war ich also zurück auf null. Zurück auf dem Hof, den ich schon seit meiner Kindheit angesteuert hatte, wann immer ich mich nach »Heimat« gesehnt hatte. Patrick war ebenfalls einverstanden, mich als seine Nachbarin zu beherbergen. Er wohnte zu dieser Zeit wieder im Bauwagen der Ziegenhirtin einige Meter entfernt und hatte sich auf dem Hof inzwischen eine hübsche kleine Zimmererwerkstatt eingerichtet. So vergingen einige Wochen. Ich richtete mich in meinem neuen Domizil ein, meldete eine Selbstständigkeit an und nahm eine Stelle in einem nahe gelegenen Zirkusverein als Trainerin und Regisseurin an. Nebenbei verfasste ich erste Texte für die Websites kleinerer Unternehmen und ging einem Filmemacher am Set und beim Storytelling zur Hand. Patrick und ich fanden natürlich weder die Ruhe noch den Mut für große Worte. Keiner ließ sich etwas anmerken. Er begutachtete mich ein wenig über die kalte Schulter hinweg und ich tat mich wahnsinnig schwer damit, irgendwie Boden unter die Füße zu bekommen. Mich einzulassen. Festzulegen.

»Ich muss nächste Woche für ein paar Tage auf die Mühle, was am Brunnen reparieren. Du kannst mir helfen«, sagte Patrick eines Tages in seiner üblichen, unaufgeregten Manier. Er wusste, wie schwer ich es hatte mit meiner momentanen Situation auf dem Land und dass ich für ein wenig Abwechslung mehr als dankbar war.

Die Mühle war ein kleines, wunderbar uriges Ferienhaus im Schwarzwald, welches Patrick und sein Vater vor einigen Jahren gemeinsam gekauft hatten. Patrick hatte seit Kindertagen in der Backstube der Nachbarn, auf dem Markt oder auf Baustellen gearbeitet und sich ein paar Groschen zusammengespart. Nun war die Mühle an Feriengäste vermietet. Des Öfteren aber musste man dort den Rasen mähen, Müll entsorgen, Wasserleitungen reparieren, Mäuse einfangen oder Holz hacken, damit die Feriengäste mit dem alten Ofen heizen konnten, der dort in dem kleinen Aufenthaltsraum als einzige Wärmequelle diente. Ein rundum idyllisches Plätzchen abseits der Zivilisation. Ohne Handyempfang oder Internet. Nichts als das Rauschen der hohen Nadelbäume im Wind, das Muhen der Kühe auf den Weiden ringsumher, das Gezwitscher der Vögel und das stetige Plätschern des kleinen Brunnens, der vor dem Mühlrad stand. Hätte es einen besseren Ort geben können, um endlich die Ruhe für die Worte zu finden, die unser seltsames Hin und Her erklären könnten? Vier Tage würden wir hier verbringen und im Anschluss mit Patricks VW-Bus auf den neuen Hof seiner Schwester fahren, um uns ein wenig dort umzusehen und ihr zur Hand zu gehen. Ich war mir so sicher gewesen, dass Patrick mich gefragt hatte, ob ich mitkommen wollte, weil er nun endlich über »uns« sprechen wollte. Schließlich war er der Mann, und in meiner romantisierten Welt machte der Mann den ersten Schritt.

Drei Dinge jedoch hatte ich außer Acht gelassen. Erstens: Das 18. Jahrhundert war längst Geschichte. Zweitens: Patrick hatte in den letzten Jahren schon so einige Botschaften in meine Richtung gesendet, die jede andere Frau wahrscheinlich eindeutig als »ersten Schritt« interpretiert hätte. Die Einladung auf die Mühle war nun eher die allerletzte Gelegenheit für mich, endlich mal darauf einzugehen. Drittens: Ein Kerl vom Land ist ein Kerl vom Land. Für große, romantische Worte gibt es weder ein ordentliches Werkzeug noch eine Bedienungsanleitung und somit sind sie nicht im Repertoire enthalten. Am dritten Tag hielt ich das Schweigen nicht mehr aus. Selten in meinem Leben habe ich etwas getan, das mich so viel Mut, Überwindung und innere Vorbereitung gekostet hat wie dieses Gespräch. Ich hatte keine Ahnung, wie ich das Thema nach all den Jahren nun endlich auf den Tisch packen sollte. Aber genau das tat ich. Ich packte etwas auf den Tisch. Womöglich hatte ich noch nie zuvor etwas Kindischeres getan. Aber es war meine einzige Idee, ein Gespräch zu eröffnen, vor dem ich ziemlich genau zehn Jahre lang davongerannt war. Erst durch die Dunkelheit eines mit Brennnesseln übersäten

Waldes in großem Bogen um ein eskalierendes Pfadfinderlager herum und schlussendlich sogar bis ans andere Ende der Welt.

Nun saßen wir in der Sonne des sommerlichen Schwarzwaldes vor einem kleinen Geräteschuppen bei der Mühle, tranken Kaffee, aßen ein Stück viel zu süßen, furchtbar schmeckenden Hefezopf aus dem Supermarkt und schwiegen uns an. In meiner Jackentasche hielt ich ein rosa-blaues Herz aus Plastik fest umklammert, das ich seit etwa fünf Monaten mit mir herumschleppte. Es war so ziemlich das hässlichste Teil, das ich je besessen hatte, und dennoch hatte es für mich eine große Bedeutung. In der Nacht, bevor ich in ein Flugzeug gestiegen war, um ans andere Ende der Welt zu flüchten, hatte es mir eine Antwort gegeben. Das unansehnliche, kitschige Ding war einem Überraschungsei entsprungen, welches mir der Mann einer guten Freundin mitgebracht hatte, als ich nach meiner Flucht aus Spanien für einige Tage auf ihrer Couch gewohnt hatte. Währenddessen war Patrick gerade in seinem VW-Bus unterwegs zurück nach Deutschland, um mich rein zufällig dort anzutreffen. Meine Freundin und ihr Mann hatten mich sehr liebevoll aufgenommen. Sie war gerade hochschwanger mit ihrem ersten Kind und er im Umbaumarathon, damit die Wohnung für die junge Familie rechtzeitig fertig werden würde. Die letzte Nacht vor dem Abflug lag ich also auf der Couch, konnte nicht schlafen und dachte an meinen Zimmerer. Ich war komplett überfordert mit mir, der Welt, einem Studium, das mich nicht erfüllte, einer Beziehung, die mich ziemlich fertiggemacht hatte, einer Reise, die überschattet war von all den unguten Gefühlen, die ich in mir trug. Ich brauchte Freiraum, um mich selbst wieder spüren zu können. Freiraum, um herauszufinden, wer ich war und was ich wollte. Zu lange war ich Bildern und Visionen von der Zukunft hinterhergerannt, die nicht das gewesen waren, wofür mein Herz schlug. Ich hatte studiert, um etwas »Ordentliches« gemacht zu haben. Ich hatte Kriegsreporterin werden wollen, um etwas »Abenteuerliches« zu erleben. Ich hatte eine Karriere als Straßenkünstlerin angestrebt, um Geschichten erzählen zu können, und hatte dabei außer Acht gelassen, dass das ganze Projekt von Anfang an auf viel zu wackeligen Beinen gestanden hatte. Ich suchte nach Antworten und fand keinen Schlaf.

Einem Impuls folgend packte ich das Überraschungsei aus, das ich am Abend geschenkt bekommen hatte. Während ich die Silberfolie von der Schokolade pulte und mich fragte, was meine Bestimmung im Leben war und ob es vielleicht doch galt, einen gemeinsamen Weg mit meinem Zimmerer zu finden, da die Wege ohne ihn offensichtlich alles Holzwege gewesen waren, hatte ich eine Idee: Ich würde meine Antwort in diesem Überraschungsei finden. Ich würde dieses Ei öffnen, mir die kleine Figur darin ansehen und diese als Antwort auf meine größte Lebensfrage deuten. Wer weiß, was mir eingefallen wäre, hätte das Ei einen Igel, ein Spielzeugauto, einen Schlumpf oder sonst irgendeine willkürliche Figur hervorgebracht? Aber nein. Es war anders gekommen. Ein rosa-blaues Herz. Das Schlimmste daran war nicht einmal, dass es furchtbar hässlich war und erbarmungslos wenig Spielraum für Interpretation ließ. Nein. Das Schlimmste war, dass man es öffnen konnte und dass sich darin ein Ring mit einem rosablauen Plastikdiamanten befand. Ich hätte heulen können vor Fassungslosigkeit.

Ein Vierteljahr lang hatte ich das kitschige Ding nun also mit mir herumgeschleppt, ohne es irgendwem zu zeigen. Jetzt aber zog ich es mit zittrigen Fingern aus meiner Jackentasche und legte es wortlos neben meiner Tasse auf den Tisch, in welcher der Kaffee inzwischen mindestens Kühlschranktemperatur erreicht hatte, weil ich ihn so lange eisig angeschwiegen hatte. Das Blut pochte mir vor Aufregung in den Ohren und der Magen drehte sich mir um. Wir hatten in all den Jahren beide tatsächlich nie ein Wort darüber verloren, was das mit »uns« eigentlich war.

Patrick begutachtete das Stück Plastik.

»Was ist das?«

»Ein Herz.«

Schweigen.

Patrick beugte sich über seine ebenfalls inzwischen tiefgefrorene Tasse Kaffee und nahm das hässliche Ding in die Hand.

»Was ist damit?«, fragte er.

»Das ist aus einem Überraschungsei.«

»Ah«, sagte er, fummelte den Ring heraus, steckte ihn wieder hinein, legte das Herz zurück auf den Tisch und sagte: »Ganz schön hässlich.«

»Ja, voll«, sagte ich.

Schweigen.

Jetzt gab es zwei Möglichkeiten. Ich konnte das Teil entweder bei Gelegenheit in die nächste Mülltonne feuern und das Schweigen weitere zehn Jahre aufrechterhalten. Blöd nur, dass es auf der Mühle keine Müllabfuhr gab und ich das Ding so oder so hätte weiter mit mir herumschleppen müssen. Oder …

»Ich, äh, ich glaube, ich will dir eine Geschichte dazu erzählen«, stotterte ich.

Und dann nahm ich meinen ganzen Mut zusammen, während meine roten Ohren den eiskalten Kaffee zum Überkochen hätten bringen können. Ich begann wirklich und wahrhaftig aus einem Nähkästchen voller verhedderter Fadenläufe zu plaudern, die sich seit Jahren dort zu einem dicken Knoten vertüddelt hatten. Ich erzählte die peinliche Geschichte von meinem Ü-Ei-Orakel und gab ihm damit zum ersten Mal in unserem Leben zu verstehen, dass ich an ihn dachte, wenn wir nicht zusammen waren. Als ich mit meiner kleinen Geschichte am Ende angelangt war, hätten wir beide wahrscheinlich mit unseren glühenden Ohren einen ganzen Waldbrand entfachen können.

Er schwieg.

Ich schwieg.

Nach einigen Atemzügen, die mir wie eine Unendlichkeit vorkamen, sagte er:

»Aber du bist morgen sowieso wieder weg.«

Ich atmete tief durch. Er hatte meine Geschichte verstanden, ohne dass ich irgendeinen noch peinlicheren Satz wie: »… deshalb wollte ich dich fragen, ob du mit mir gehen willst« oder so ähnlich über meine Lippen hatte pressen müssen.

»Nein. Ich glaube, ich kann auch anders.«

»Du glaubst.«

»Ja.«

Schweigen.

»Also, weil so können wir halt auch nicht weitermachen«, murmelte ich und starrte dabei in meinen tiefgefrorenen Kaffee, als wäre der mein Gesprächspartner und nicht Patrick.

»Heißt was?«, fragte er nuschelnd, während er in seine eigene Tasse eiskalten Kaffee starrte.

»Ja, weiß nicht …«

Schweigen.

»Also, ich weiß halt nicht, ob das klappt«, sagte er.

»Ob was klappt?«, fragte ich so beiläufig wie möglich in der Hoffnung, ihm die klaren Worte entlocken zu können, die ich nicht wagte auszusprechen. Schließlich hatte ich den ersten Schritt gemacht, obwohl er der Mann war …

Patrick löste seinen Blick von seiner Kaffeetasse und wagte es endlich, mir ins Gesicht zu blicken. Ich schaute ihn ebenfalls an. Sein Ausdruck in diesem Moment ließ sich wohl am ehesten als ein »Willst du mich eigentlich verarschen?«-Blick deuten. Jetzt oder nie. Das wusste ich.

»Ja, also, ich meine, ich glaube, wir sollten einfach mal versuchen, wie es wäre, wenn wir … zusammen wären … weil also, sonst wissen wir ja nie, ob es klappt oder nicht.«

Stille. Eine Stille, die mir Angst machte. Angst, dass er womöglich gar nicht wollte.

»Du willst doch gar nicht mit mir auf dem Hof bleiben«, sagte er.

»Na ja, also ich habe in Costa Rica schon gemerkt, dass ich Schafe lieber mag als Leguane.«

Er konnte sich ein leises Grinsen nicht verkneifen.

»Ich glaube halt, dass du ziemlich schnell wieder weg bist und da hab ich keinen Bock drauf.«

»Ich glaube, ich bleibe.«

Patrick schwieg eine Weile. So richtig überzeugt schien er noch nicht zu sein von der ganzen Angelegenheit.

»Du stellst dir das immer so einfach vor!«, sagte er dann.

»Tu ich gar nicht. Sonst hätte ich es schon viel früher versucht. Es macht mir Angst. Aber ich denke, jetzt oder nie.«

Nun trat die längste aller Gesprächspausen ein. Er schien sehr aktiv nachzudenken.

»O. k., also wenn wir es versuchen, dann bauen wir uns einen eigenen Wagen, wo wir wohnen können.«

»Klingt nach einem Plan.«

»O. k.«

»Gut.«

»O. k.«

Schweigen.

»Hand drauf?«

Und damit war es besiegelt.

Das folgende Jahr war auf Beziehungsebene eines der herausforderndsten meines Lebens. Für Patrick ebenso. Es hatte natürlich mehrere Wochen gedauert, bis sich aus unserem Handschlag etwas mehr … Romantik entwickeln konnte. Dass wir jede Nacht nebeneinander einschliefen, war schließlich nichts Neues. Daran waren wir längst gewöhnt. Im Zelt auf Radtour genauso wie draußen im Heu, im VW-Bus oder im Bauwagen. Seit zehn Jahren taten wir das. Wir beide kämpften damit, uns wirklich einzulassen, uns verletzlich zu zeigen und dem Menschen, dem wir schon seit zehn Jahren so sehr vertrauten, nun auf einer ganz neuen Ebene zu begegnen.

Heute, fünf Jahre, zwei Kinder, einen selbst gebauten Bauwagen, ein fertig saniertes Haus auf dem Dorf, einen sanierungsbedürftigen Bauernhof, einen Hofstaat voller Tiere und ein gemeinsames Unternehmen im Social-Media-Bereich später würde ich sagen, dass sich unser Mut mehr als ausgezahlt hat. Wir kannten uns so lange, haben so vieles miteinander erlebt und dennoch mussten wir uns als Paar völlig neu finden.

Es braucht viel Kommunikation, um Verständnis zu entwickeln, wenn zwei Menschen völlig konträr gestrickt sind. So hat es bei uns lange gedauert, bis Nord- und Südpol vereint waren. Bis Sonne und Mond gelernt hatten, miteinander zu wirken. Bis die Dame von Welt und der Bauer einen gemeinsamen Weg gefunden hatten. Erst als wir gelernt hatten, den anderen wirklich zu nehmen, wie er ist, und darin sogar ein Potenzial zu sehen, konnten wir Geschäftspartner auf Augenhöhe werden. Zwar hatten wir wie gesagt als Jugendliche schon so einige Geschäftsideen durchdiskutiert. Nie im Leben hätten wir uns jedoch erträumt, als Content Creator auf Social Media eine gemeinsame Firma zu gründen. Heute aber kommt uns das zugute, was wir durch unseren langen Weg miteinander und ohneeinander lernen durften: die eigenen Qualitäten zu verstehen und gleichzeitig die Stärken des Partners zu würdigen. In der Vereinigung von Gegensätzen steckt für mich heute das größte Potenzial.

In unserem aktuellen Lebensentwurf hat uns die Kraft der Gegensätze zum Erfolg geführt. Wir vereinen unseren selbst gewählten sehr analogen, gar altertümlichen Lebensstil mit der digitalen Welt. Worte und Zahlen. Smartphones und Schafherden. KI und Küchenhexe. Gerade in einer digitalen Welt, in der uns so viele Inhalte jederzeit zur Verfügung stehen, ist die Fähigkeit, andere Meinungen und andere Lebenserfahrungen auch mal ohne Bewertung stehen lassen zu können, enorm wichtig. Wir Menschen werden uns nie einig sein, daher dürfen wir lernen, einander in unserer Andersartigkeit zu akzeptieren. Zum Beispiel, wenn man mitten in die Pampa aufs Land zieht und sich dort zu integrieren versucht. Mit dem Leben hier draußen, zwischen Tieren und Kindern, sind nachbarschaftliche Verbindungen bis heute noch immer überlebenswichtig. Wenn ein Unglück passiert, das Auto streikt oder die Tiere ausgebrochen sind, ist der Rest der Welt für uns schließlich einige Kilometer entfernt. Da muss es egal sein, wer welche Meinung zu welchen Themen vertritt. Hauptsache, wir halten zusammen, wenn es ernst wird oder jemand Unterstützung braucht. Die Welt, besonders die vernetzte Welt, egal ob im Analogen oder Digitalen, wird nie aus einer einzigen Perspektive greifbar sein. Da ist Toleranz unbedingt notwendig.

Ich persönlich bin in einer Welt, in der starre Berufsbilder immer mehr aufweichen und uns alle Informationen jederzeit aus der Hosentasche heraus zur Verfügung stehen, bisher am erfolgreichsten vorangekommen, wenn ich die scheinbaren Gegensätze akzeptieren konnte. Wenn ich ganz neue, eigene Verbindungen geschaffen habe, die vorher noch nie da gewesen sind. Der digitale Kosmos schenkt uns den nötigen Freiraum, all unsere gegensätzlichen Anteile gleichzeitig leben zu können. Das ist schön. Aber es bereitet auch einen enormen Druck. Die Welt ist voll von Angeboten, Innovationen und Produkten. Besonders die junge Generation fühlt sich überfordert mit der Wucht ihrer Vielfalt. Es gibt doch schon alles. Was kann ich noch geben? Wo gehöre ich hin? Was ist »meins«? Ich spreche da aus eigener Erfahrung, denn ich habe lange Zeit mit meinem eigenen Weg auf dieser Erde gekämpft. Lange habe ich geglaubt: Es gibt schon alles da draußen. Doch ich habe gelernt, die Wirrungen dieser Welt zu akzeptieren und meine eigene innere Gegensätzlichkeit anzunehmen. Ich bin ein eigenständiger Körper in dieser digitalen Welt und nicht allen Trends und Innovationen ausgeliefert. Meine eigene innere Gegensätzlichkeit ist heute keine Last mehr. Im Gegenteil. Sie ist meine einzigartige Positionierung in einer Welt voller Möglichkeiten. Und so haben wir unseren eigenen Weg gefunden, der doch neu ist.

Wenn ich mir etwas wünsche für die Zukunft in einer digital-analogen Welt, dann, dass unsere Gesellschaft immer besser darin wird, Gegensätze als Chancen zu sehen und nicht als etwas, das uns Angst machen muss. Das bekämpft werden muss. Die eigenen Ängste abzulegen und Menschen sein zu lassen, wie sie sind, ist ein großer Schritt hin zu einer friedvolleren, vernetzten Welt. Wenn wir die Kraft der Gegensätze für uns nutzen, bekommen wir das Beste aus beiden Welten.

Patrick und ich mussten mit der Zeit lernen, einander sein zu lassen, wie wir sind. Nicht zu bewerten. Nicht zu erwarten. Die eigenen Stärken und auch die Stärken des anderen zu erkennen und Wege und Verbindungen zu suchen, in denen jeder von uns sein Potenzial entfalten darf. Heute bin ich immer wieder überwältigt davon, wie gut Patrick und ich das bisweilen als Paar, als Eltern, als Bauherren und Unternehmer geschafft haben und unseren Kurs immer wieder neu ausloten.

2
Der holprige Weg zum Traumbauernhof

Warum aller Anfang schwer ist und wie wir es schaffen können, trotzdem loszugehen

Wir wussten einfach, dass es dieser Ort sein würde. Unser Zuhause. Wir wussten es. Von der ersten Sekunde an. Gefunden hatten wir den Hof ganz unspektakulär, in einem der gängigen Immobilienportale im Netz. Eine Anzeige unter vielen in unserer Preiskategorie. Schon wieder eine dieser bröckelnden Ruinen irgendwo *in the middle of nowhere*. Dieses Mal aber stimmte einfach alles. Wir vereinbarten sofort einen Termin mit dem Makler und konnten direkt am nächsten Tag ins Auto steigen, um 100 Kilometer durch den Schwarzwald bis an den Hochrhein zu fahren, wo die Bauernhofruine seit 500 Jahren in 600 Metern Höhe auf einem Höhenzug thronte. Es war Winter zu dieser Zeit. Ein neblig-grauer Tag, gefühlt einen halben Meter hoch lag der Schnee, und die Luft war erfüllt von einer nassen Kälte, die bis in die Knochen drang. Die Scheune durften wir dem Makler zufolge an diesem Tag nicht betreten, da sie einsturzgefährdet war. Besonders bei Schnee.

Schon auf den Bildern hatten wir gesehen, dass das Haus von oben bis unten vollgestopft war mit Unrat und Gerümpel. Der ältere Mann, der dort die letzten Jahre allein gewohnt hatte, nachdem seine sieben erwachsenen Kinder ausgezogen waren, war zeit seines Lebens Landwirt gewesen, durch und durch. Er hatte absolut keinen Fokus auf Inneneinrichtung gelegt. Auch die Generationen vor ihm hatten hier Landwirtschaft betrieben und sich wenig um die Substanz der Gebäude gekümmert, es gab einen enormen Sanierungsstau. Gerade wegen dieser Ursprünglichkeit aber hatten wir uns von Anfang an in den Hof verliebt. In seine meterdicken Bruchsteinwände, seine brachialen Eichenbalken und den rohen Zustand, den er sich durch die fehlenden Investitionen erhalten hatte. Keine angebastelten 60er-Jahre-Balkone, Asbestfassaden oder rosafarbenen Badezimmer. Ein brauner Kachelofen aus den späten 1920er-Jahren in der Mitte des Erdgeschosses war das Herzstück und gleichzeitig die einzige Heizung des Wohnbereichs. Den Gewölbekeller konnte man vom Hinterhof aus über eine hübsche Sandsteintreppe erreichen und die Scheune wirkte von außen wie einem liebevoll gestalteten Kinderbuch entsprungen. Nur etwas schief gezeichnet. Im ersten Obergeschoss gab es herrschaftlich hohe Decken, eine hübsche, große Nische mit rundem Bogen in der Wand, außerdem eine 500 Jahre alte Säule, die wohl ein Kloster beim Bau des Hofguts gespendet hatte. Eine gotische Eingangstür mit spitz zulaufendem Sandsteingewand in der Außenwand hatte es uns besonders angetan. Es gab schon seit Langem keinen Treppenaufgang mehr, und die verwunschene Tür steckte zusammenhangslos drei Meter über dem Boden in der Giebelwand. Neben all den sehenswerten Details des Hauses überzeugte uns aber vor allem die grandiose Aussicht über die Berge des Schwarzwalds. Zwar war an diesem Wintertag nicht wirklich viel von ihnen zu sehen, aber der verschneite Abhang, der sich hinter dem Hof im weißen Nebel verlor, ließ auf ein atemberaubendes Panorama hoffen.

Während wir hinter dem eher desillusioniert wirkenden Makler durch das Wohngebäude kletterten und nicht nur von der

Substanz des Hauses beeindruckt waren, sondern auch von dessen Vermüllungsgrad, versuchten wir, zusätzlich via Smartphone im Netz Näheres zu dem historischen Hof herauszufinden. Der Makler schien die Tour über den Hof nicht zum ersten Mal zu machen, offensichtlich hatte er schon viele Interessenten herumgeführt und deswegen wenig Lust, uns ausschweifend mit spannenden Details zu versorgen. Zu oft, so sagte er, sei er mit irgendwelchen Träumern durch diese Bruchbude geeiert, nur um dann nie wieder etwas von ihnen zu hören. Der Verkauf dieses Hauses sei die größte Herausforderung, vor der er beruflich je gestanden habe.

Doch zum Glück half uns das Internet, die spärlichen Informationen des Maklers zu ergänzen, und wir fanden zudem an der Fassade eines Nachbarhofs eine Tafel, die uns verriet, dass der Hof um 1541 von einem Edelmann aus der Gegend erbaut worden war. Dieser hatte keine Nachkommen gehabt und seinen gesamten Besitz kurz vor seinem Ableben einem Kloster in der Region gespendet. Aus diesem Grund war womöglich auch die handbehauene Steinsäule im Obergeschoss verbaut worden. Im 16. Jahrhundert gehörte der Hof dann zu einer nahe gelegenen Burg. Als diese fast vollständig abbrannte, brachte man wahrscheinlich die Pferde der Edelleute auf dem Hof unter. Später diente das Gebäude dann als Stabhalterei, also als Ort, an dem über Landrecht entschieden wurde. In erster Linie war der Hof somit kein »Bauernhof« im herkömmlichen Sinne, sondern irgendetwas zwischen Landsitz, Klosterhof und landwirtschaftlichem Betrieb. Wir waren begeistert und fasziniert davon, wie viel Geschichte in diesem halb verfallenen Anwesen steckte.

Dass die Immobilie jedoch eine große Herausforderung darstellte, war trotz all des Potenzials und der beeindruckenden Historie nur zu deutlich erkennbar. Der Hausflur fiel schräg nach unten ab, sodass wir beim Begehen das Gefühl hatten, ein paar Bier zu viel getrunken zu haben. Es gehörte ein bisschen Übung dazu, dem schmalen, dunklen Gang in einer geraden Linie zu folgen und sich nicht wegen des abschüssigen Untergrunds wankend gegen eine Wand fallen zu lassen. Ebenso hing die Decke darüber schräg in den Flur hinunter, was dem ganzen Eingangsbereich einen Hauch von Alice im Wunderland verlieh. Einige Wände wiesen Risse auf und im zweiten Obergeschoss hingen die Balken freischwebend vor den Mauern. Es gab ganz offensichtlich in den oberen Etagen einige Wasserschäden, außerdem war keine Heizung vorhanden und in den Zimmern kaum Strom. Dafür lagen überall tonnenweise Altkleider, Bettlaken, Haushaltsgegenstände, Altpapier, Metall, Möbel, Plastikschrott, Mäusekot und Tierschädel herum. Teilweise zu Haufen sortiert, dann wieder völlig durcheinander. In kaum einem Raum konnte man wirklich gehen, und es würde Monate dauern, all den Müll zu sortieren und zu entsorgen.

Um das Haus herum gab es nichts als verwilderte Wiesen, die im Winter nicht befahrbar waren, einige alte Obstbäume, die schon seit Jahren auf einen frischen Schnitt warteten, und Gesteinsbrocken, die wohl in irgendeinem Jahrhundert einmal zu einer Mauer aufgestapelt gewesen waren. Das Dach der Scheune, welches wir aufgrund der Einsturzgefahr nur von außen begutachten konnten, hing in der Mitte nach unten wie ein Pferdesattel. Wir konnten leicht erahnen, wie marode die Balken darunter wohl aussahen. Kurz gesagt: Hier schrie alles laut und deutlich »Tut es nicht!«. Wir aber wussten, dass dieser Hof zu uns gehörte, auch wenn wir keine Ahnung hatten, wie genau das funktionieren sollte.

Die zwei Jahre, die dann schlussendlich zwischen unserer kleinen Hofbesichtigung und dem Kauf lagen, glichen einer Karussellfahrt. Nein, einer Achterbahn. Einer dieser großen, schnellen, wilden Achterbahnen mit Loopings, Tunneln und Waggons, die sich zusätzlich um die eigene Achse drehen. Eine Achterbahnfahrt, bei der man sich schon in der Warteschlange fragt, warum man sich das überhaupt antun will. An jenem Tag im Winter, an dem wir den Hof besichtigten, stiegen wir nach unserem kleinen Rundgang ins Auto und fuhren in ein Restaurant, um unsere Eindrücke zu verdauen. Der damalige Partner meiner Mutter hatte uns begleitet, da auch er großes Interesse an Häusern hegte. Wir bestellten alle drei Käsekuchen und Cappuccino, und während wir nun über das Gesehene debattierten, wurde eines schnell klar: Unsere Begleitung fand den Hof mehr als schlimm. Geradezu grässlich. Wir hingegen hatten uns verliebt in all das Potenzial, das wir sahen, wussten aber nicht, wie es nun weitergehen sollte. Einerseits gefiel uns der Hof, seine Historie, seine Rohheit. Obendrein hatte Patricks Schwester einige Jahre zuvor in genau derselben Gegend ebenfalls einen Hof gekauft, und der Zufall, nun diesen Hof ganz in ihrer Nähe gefunden zu haben, spielte uns natürlich enorm in die Karten. So wäre für uns die neue Gegend zwar fremd, allerdings hätten wir sofort Anschluss in der Nachbarschaft und ein Stück Familie in der Nähe.

Andererseits war der Zeitpunkt denkbar schlecht. Ich war gerade schwanger mit unserem ersten Kind, wir steckten in den Startlöchern für die Sanierung eines kleinen, komplett maroden historischen Hauses, das Patrick zwei Jahre zuvor gekauft hatte, um es vermieten zu können. Obendrein ging es Patrick zu dieser Zeit gesundheitlich nicht gut, sodass die aktuelle Sanierung des späteren Mietshauses schon Herausforderung genug war. Trotzdem wussten wir, dass dieser Hof zu uns gehörte. Etliche Höfe hatten wir in den letzten Monaten und Jahren besichtigt. Entweder für uns oder für eines von Patricks älteren Geschwistern. Durch das Architekturstudium und die Erfahrungen als Zimmerer hatte Patrick viel Ahnung von Bausubstanz und Statik, und so wurde er fast immer hinzugezogen, wenn jemand in unserem Bekanntenkreis eine Immobilie kaufen wollte. Alles in allem hatten wir also wirklich viel in diesem Bereich gesehen. Mal besser, mal schlechter. Bei den anderen Höfen, die wir im eigenen Interesse besucht hatten, waren wir nach den Besichtigungsterminen bisher immer kopfschüttelnd nach Hause gefahren. Meist war schon der Preis der Immobilien, die wir im Netz fanden, für uns ein absolutes Ausschlusskriterium, sodass wir gar nicht erst losfuhren. Und wenn er im Bereich des Realistischen lag, so war der Standort denkbar ungünstig.

Ich erinnere mich zum Beispiel noch an die Besichtigung eines Hofs namens »Schattenmühle«, der durch den modrigen Untergrund in der Mitte auseinandergebrochen war, im Sommer mit viel Glück vielleicht zwei Sonnenstunden erhaschen konnte und so moosig roch, dass wir schon bei der Besichtigung in eine tiefe, schattige Depression fielen. Oder dieser Hof im Schwarzwald, der im Grunde wunderschön war und ebenfalls mit einer gigantischen Aussicht punktete, der aber auf drei Seiten von einer rege befahrenen Straße umschlossen war, die besonders Motorradfahrer gerne nutzten. So saß man auf diesem Hof mitten im Nirgendwo zwischen hohen Schwarzwaldtannen auf einer grünen Wiese im kleinen Vorgarten, konnte kaum infrastrukturelle Annehmlichkeiten der modernen Gesellschaft nutzen und dennoch drang anstatt idyllischer Ruhe der Motorenlärm tagtäglich bis ins Schlafzimmer.

Gegen all das waren der Müll im Haus, die mangelhafte Statik sowie der Investitionsstau des Hofes, den wir gerade besichtigt hatten, Probleme, die man zumindest in der Theorie über die Jahre mit viel Fleiß und noch mehr Geld beheben könnte. In der Landwirtschaft gibt es bei der Partnersuche diesen bekannten Spruch: »Liebe vergeht, Hektar besteht.« Bei der Immobiliensuche trifft er womöglich tatsächlich zu. In diesem Fall aber eher nach dem Motto: »Statik vergeht, Lage besteht.«

Zurück im Alltag überlegten wir in den Tagen nach dem Besichtigungstermin unseres vermüllten Traumbauernhofes hin und her, diskutierten immer wieder und spürten in uns hinein. Ursprünglich hatten wir auf dem Hof von Patricks Familie bleiben wollen, allerdings war uns inzwischen klar, dass dieser nicht groß genug war für unsere Pläne und die Ideen für unsere Zukunft als Familie. Es gab dort zu viele Parteien, die seit Jahren ihren Teilbereich des Hofes nutzten und gestalteten. Die Autowerkstatt des Onkels, das Wohnhaus mit mehreren Parteien, Patricks Zimmerei, das Ferienhaus für Gäste, die Gartenprojekte der Mieter und die Autostellplätze aller Beteiligten. Dazu unser Zirkuswagen, die Schafe, unser Hund und unser Krempel, den wir hier angesammelt hatten. Kurz gesagt: Der Hof von Patricks Familie war auch ohne unsere landwirtschaftlichen Ambitionen und unsere Sanierungsideen belebt genug. Dieses puristische, verwilderte Anwesen dort oben in dem kleinen Weiler am Hochrhein nahe der Schweizer Grenze hingegen war für uns wie ein unbeschriebenes Blatt, das wir zu einem ganz eigenen Zuhause machen könnten.

Vier Tage nachdem wir den Hof besichtigt hatten, griff Patrick zum Hörer, um dem Makler unsere Zusage mitzuteilen. Das Geld für den Kauf wollten wir irgendwie aus Privatkrediten zusammenkratzen. Die Bank würde uns keinen Cent mehr leihen, schließlich hatten wir bereits einen Kredit für unser Haus im Ort am Laufen. Die Frage liegt nahe, warum wir nicht ebenjenes süße

Haus im Nachbarort, das wir aktuell sanierten, als Zuhause für die nächsten Jahre oder gar für den Rest unseres Lebens wählen wollten. Wenn ich das heute gefragt werde, dann sage ich gern: »Weil der Innenhof zu klein für die Schafe, der Balkon zu eng für die Hühner und das Carport zu luftig für Patricks mit Maschinen vollgestopfte Holzwerkstatt war.« Außerdem war die Sanierung dieses Hauses für uns nur deshalb realisierbar, weil wir von Anfang an die Absicht hatten, es zu vermieten. Ein Spekulationsobjekt, wenn man so will. Patrick hatte das Haus kurz vor unserem »Handschlag« für vierzigtausend Euro gekauft. Niemand sonst wollte es haben. Ursprünglich waren auch noch zwei Kumpels interessiert gewesen, da es aber ein sehr kleines Grundstück war, war es baurechtlich nicht möglich, alles abzureißen und ein neues Haus zu bauen. Das alte Ding zu sanieren war wiederum nicht wirtschaftlich. Doch Patrick hatte den Mut aufgebracht, es trotzdem zu wagen. Zwei Jahre hatte er alles geplant, beantragt, organisiert und durchgerechnet, bis die Baugenehmigung für den Umbau und die Sanierung endlich kam. Nun sollte es losgehen. Bis auf die Außenmauern wollten wir alles abreißen, die Räume und Zwischendecken komplett neu anlegen und sogar das Dachgeschoss höher setzen. All das mitten im Ort. All das neben unseren Jobs, unseren Selbstversorgerambitionen mit Schafen, Hühnern und Garten und bald einem Kind. Es war ein waghalsiges Unterfangen, das da auf uns zuwankte. Und nun auch noch der alte Bauernhof. Wir wussten nicht, wie wir es schaffen sollten. Aber wir wussten, dass es trotz allem, was dagegensprach, so sein musste.

Das Telefonat mit dem Makler war kürzer als gedacht.

»Verkauft«, sagte Patrick, nachdem er aufgelegt hatte.

»Wie, verkauft?«, fragte ich.

»Wir sind zu spät. Er ist schon weg«, sagte Patrick.

»Was?«

»Jap. Weg. Keine Chance mehr.«

»Krass«, mehr wusste ich nicht zu sagen.

Einen Moment lang war es still.

»Puh. Ehrlich gesagt, bin ich froh gerade. Ich habe heimlich gehofft, dass er einfach weg ist. Es wäre zu viel gewesen. Der Hof hätte uns kaputtgemacht. Ich hätte das im Kopf und auch körperlich gar nicht gepackt. Ich hätte mich auch nicht gut damit gefühlt, so viel Geld von Freunden und Familie zu leihen. Das wäre einfach dumm. Es soll nicht sein. Es ist schon alles richtig so«, sagte Patrick und ließ sich sichtlich erleichtert auf das Sofa im Zirkuswagen plumpsen.

Heute bin ich mir sicher, dass Patrick recht hatte. Wir wären an dem Druck zerbrochen. Nicht nur er, sondern auch ich. Nichts Besseres hätte uns passieren können, als unseren Traumbauernhof nicht zu bekommen. Damals fiel es mir jedoch nicht ganz so leicht, das zu akzeptieren. Womöglich kickte der Nestbautrieb während der Schwangerschaft besonders stark und ich wünschte mir nichts sehnlicher als einen Ort, an dem wir als junge Familie ankommen konnten. Gleichzeitig war für mich unsere körperliche und mentale Gesundheit natürlich das Wichtigste und so war auch ich im Grunde erleichtert.

In den nächsten zwei Jahren bekamen wir ein Kind, schrieben zwei Bücher, sanierten unser Haus im Dorf, zogen große externe Dachsanierungen und Bauprojekte durch, um alles finanzieren zu können, und mussten zwischenzeitlich aus unserem selbst gebauten Wagen ausziehen, weil dieser zur Hälfte abgebrannt war. Der Brand war ein dummer Zufall gewesen. Ausgelöst durch ein paar Jugendliche, die auf dem Platz vor dem Wagen während unserer Abwesenheit ein Lagerfeuer gemacht und die unverbrannten Stücke Holz zurück unter unseren Wagen gelegt hatten, um unser Holz zu sparen. Aber plötzlich hatten wir gar kein richtiges Zuhause mehr, sondern lebten einige Wochen im Ferienhaus auf dem Hof von Patricks Familie, bis wir den Wagen wieder aufgebaut hatten. Während der Pandemie war das Ferienhaus glücklicherweise frei, und wir konnten in Ruhe all unsere verbrannten Habseligkeiten sortieren, mit Versicherungen, der Kriminalpolizei und SchadensbegrenzungsgutacherInnen debattieren. Als wieder Feriengäste erlaubt waren, zogen wir aus dem Ferienhaus aus und richteten uns provisorisch in der Sauna ein, nutzten die Küche der Wohngemeinschaft im Erdgeschoss und schliefen in unserem Oldtimerbus. In dieser ganzen Zeit kochte ich jeden Tag für zwei bis zehn Handwerker, schrieb mein Buch, arbeitete als Regisseurin im Zirkus und hatte im zweiten Jahr der Sanierung unser kleines Baby mit dabei, das meine ganze Welt auf den Kopf stellte. Patrick ging seinem Job als Zimmerer weiter nach. Es war der pure Wahnsinn, und ich weiß heute nicht mehr, woher wir all die Kraft genommen haben, all das durchzustehen. Der alte, kaputte Hof am gefühlten Ende der Welt und dazu ein riesiger Berg Schulden aus Privatkrediten hätten das Fass zum Überlaufen gebracht. Da bin auch ich mir heute sicher.

Vor allem die erste Zeit mit unserem Sohn war für mich persönlich das Herausforderndste, was ich je erlebt hatte. Die Geburt überrumpelte uns zwei Wochen, nachdem mein zweites Buch erschienen war. Aufgrund der Pandemie waren ohnehin fast alle Termine rund um die Veröffentlichung abgesagt. Nach der Entbindung musste ich vier Wochen mit einem 1200 Gramm leichten Frühchen auf der Intensivstation verbringen. Unser Sohn war von der Plazenta nicht richtig versorgt worden und man hatte ihn acht Wochen früher holen müssen. In der »C-Zeit«, an die wir uns alle nicht wirklich gerne erinnern, auf der Intensivstation eingesperrt zu sein, war das Irrsinnigste, was ich bisher in meinem Leben durchgemacht habe. Heftiger auch als alles, was ich auf meinen Reisen allein durch Nahost erlebt hatte. Als frischgebackene Mutter auf der Intensivstation unter permanenter Kontrolle, die Ein- und Ausgangssperre, das Kind durfte ich nur mit Maske im Gesicht sehen und berühren. Ich war abgeschottet von der Außenwelt, mein allein nicht lebensfähiges Würmchen lag in einem blinkenden, piepsenden Inkubator, in den ich jeden Tag kraftlos meine Hand streckte, wann immer ich durfte. Die Erlebnisse im Krankenhaus kosteten mich all meine Kraft.

Als wir gelernt hatten, ohne Schläuche und blinkende Apparate zu existieren, und endlich wieder hinaus in die Welt durften, wünschten wir uns alle drei nichts sehnlicher als Freiheit. Gemeinsame Zeit. Uns als Familie kennenzulernen. Also ließen wir die Sanierung ausnahmsweise links liegen, packten unseren gerade einmal zwei Kilo schweren Sohn, unseren großen, wuscheligen Hund und was man sonst noch so braucht in unseren Mercedes-Oldtimerbus und fuhren vier Wochen nach Portugal. Den Bus hatte Patrick für tausend Euro mit Motorschaden gekauft und gemeinsam mit einem Kumpel auseinandergenommen. Sie hatten drei gebrauchte Motoren zu einem einzigen Motor wieder zusammengebaut und in den Bus gebastelt. Für mich unvorstellbar, wie die beiden das bewerkstelligt haben. Der Bus mit dem selbst gebastelten Motor ist heute längst verkauft, und da wir mit dem aktuellen Besitzer über die sozialen Medien verbunden sind, sehe ich immer wieder: Er läuft zuverlässiger denn je.

Die Reise mit Hund und Baby war für uns als junge Familie zum einen sehr herausfordernd, aber zum anderen unheimlich heilsam. Unser kleiner Sohn war genau das, was man als »High-Need-Baby« bezeichnet. Er schrie. Den halben Tag und die ganze Nacht. Egal, was wir taten. Egal, wie laut, leise, langsam, schnell wir waren. Wir trugen das kleine Menschlein permanent am Körper, schaukelten es, wiegten es und versuchten alles, um für unser Baby da zu sein. Über die Ängste, Schuldgefühle und die Überforderung bei einem solchen Start in die Mutterschaft und das Elternsein für uns beide könnte ich im Grunde ein eigenes Buch schreiben. Heilsam hingegen war die Dankbarkeit, die Patrick und ich stärker denn je spürten, als wir endlich wieder vereint waren. Als wir uns Mama und Papa nennen konnten. Wir hatten seit jener Vollmondnacht vor über zehn Jahren so viele Höhen und Tiefen gemeinsam gemeistert und nun waren wir eine richtige Familie. Wir hatten uns den Start anders vorgestellt und gewünscht. Jetzt aber waren wir endlich frei, daraus zu machen, was immer wir wollten. Und wir wollten Natur. Freiraum. Tiere. Bäume. Selbst gesponnene Wollsachen, Stoffwindeln und Platz für Visionen und Pläne. Wir wollten kein Häuschen an der Dorfstraße mit einem hübschen Balkon und einem sauber gepflasterten Innenhof. Kein Haus mit einem fertigen Kinderzimmer und so wenig Platz drumherum, dass Patrick sich irgendwo im Gewerbegebiet eine Halle für seine Maschinen hätte mieten müssen. Wir suchten einen Weg, als Familie viel Lebenszeit miteinander verbringen zu können, auch wenn das bedeuten würde, diese gemeinsame Zeit vor allem mit Arbeit füllen zu müssen. Wir waren auf der Suche nach einem Ort, der unseren ganz persönlichen Vorstellungen nicht nur vom Wohnen, sondern auch vom Leben entsprechen würde.

In Portugal, Spanien und Frankreich machten wir nicht nur Urlaub, sondern sahen uns nebenbei auch nach Grundstücken um. Wir überlegten, etwas im Süden zu kaufen, sobald unser Haus im Ort fertig saniert war und vermietet werden konnte, und mit unserem Zirkuswagen in wärmere Gefilde zu ziehen, wo wir einen großen Teil des Tages draußen unter der lachenden Sonne verbringen könnten. Unser fahrbares Tiny House hätte uns eine Auswanderung theoretisch relativ leicht gemacht. Um dauerhaft zu reisen war der Wagen zu groß, zu schwer und zu behäbig. Für einen einmaligen Ortswechsel jedoch perfekt. Während unserer Reise wurde allerdings immer klarer, was wir schon vorher befürchtet hatten: Eine Auswanderung in den Süden würde für Patrick bedeuten, seine Arbeit als Zimmerer aufgeben zu müssen, denn außer Korkeichen und Olivenbäumen gibt es kaum Holz in Portugal. Als Handwerker wäre es extrem schwer, einen angemessenen Lohn zu bekommen. Patrick mag zudem starke Hitze nicht und bekommt Beklemmungen, wenn das Land permanent zu trocken ist. Für ihn wäre der hohe Norden eher eine Option gewesen. Schweden, Norwegen oder gar Kanada. Für mich wiederum undenkbar. Ich. Hasse. Frieren. Im Grunde wussten wir, was wir für die nächsten Jahre wollten: einen eigenen Hof im Süden Deutschlands. Nah an unseren Freunden und Familien. Die vergangenen Jahre der vergeblichen Suche nach einem solchen Ort hatten uns jedoch ernüchtert und unseren Blick zwangsläufig auf entferntere und günstigere Optionen geweitet. Wir wussten, dass wir nicht für immer auf 20 Quadratmetern in unserem wiederaufgebauten Zirkuswagen wohnen wollten. Wir merkten, dass es uns weiterzog. Dass wir Veränderung suchten, um uns weiter entfalten zu können.

Nach vier Wochen Portugal und etlichen Überlegungen und Gesprächen über die Zukunft hatten wir einen Plan B: Wir würden das Haus im Ort fertig sanieren und wie geplant vermieten. Dann wollten wir einen Lkw kaufen, dort einen Wohnkoffer aus Holz draufbauen und uns die darauffolgenden fünf Jahre, vielleicht bis unser Sohn zur Schule gehen würde, Zeit geben, einen Ort zu finden, an dem wir länger bleiben wollten. Die Idee war mal wieder auf Patricks Mist gewachsen. Er hatte sich auf den

30 Stunden Heimfahrt im klapprigen, lauten Mercedesbus von Portugal nach Deutschland alles genauestens überlegt. Wir würden keinen normalen Lkw kaufen, sondern einen Abrollkipper. Einen Lkw mit Pritsche also, in die ein hydraulischer Arm eingearbeitet ist, der Baumulden oder Müllcontainer mit kleinen Stahlrollen auf die Erde abrollen kann. Dann würden wir einen leeren Abrollkipprahmen besorgen, der kompatibel sein musste mit der Aufnahme am Lkw. Auf diesen leeren Rahmen würden wir dann den Wohnkoffer bauen. So hätten wir die Möglichkeit, unser Häuschen jederzeit und überall abzusetzen und mit dem Lkw weiterzufahren. Zum Beispiel, damit Patrick auf einer Baustelle arbeiten könnte, während ich mit Oskar zu Hause blieb. Hinter den Lkw wollten wir Patricks dreiachsigen Autoanhänger spannen, auf dem ein zweiter Abrollkipprahmen befestigt wäre. Auf diesem zweiten Rahmen sollte kein zweiter Wohnkoffer sitzen, sondern eine kleine Werkstatt für Patricks Zimmerermaschinen mit etwas Stauraum für Fahrräder, Kanus oder was man sonst noch brauchen könnte auf einer Weltreise. In der Theorie sollte es also möglich sein, den Wohnkoffer auf den Lkw zu laden und die Werkstatt auf dem Anhänger hinterherzuziehen – irgendwie würden wir schließlich auch unterwegs Geld verdienen müssen. Hätte man dann ein Plätzchen gefunden, an dem man einige Tage oder Wochen bleiben wollte, wäre das Häuschen rasch auf die Erde gesetzt und die Werkstatt vom Anhänger auf den Lkw gezogen. Die Idee war einfach genial, und mein Reiseherz hüpfte vor Freude.

Zurück in Deutschland warfen wir uns in die letzte Phase der Sanierung und besorgten via Kleinanzeigen irgendwo in Mitteldeutschland einen Lkw der Marke Mitsubishi Fuso mit Doppelkabine und Abrollkipparm. Auf unserer Reise durch den Süden hatten wir diese kleinen Lkw oft auf Baustellen im Einsatz beobachtet und sie gefielen uns sehr. Patrick besorgte Bauholz, um zügig mit dem Bau des Wohnteils beginnen zu können. Im Grunde wussten wir nicht, wie wir es schaffen sollten, uns von 20 Quadratmeter Wohnraum im Zirkuswagen auf etwa acht Quadratmeter Wohnraum im Lkw-Wohnkoffer zu verkleinern. Eigentlich hegten wir das Bedürfnis, uns zu vergrößern und mehr Platz zu haben für Selbstversorgung, Landwirtschaft und Bauprojekte. Aber es würde schon irgendwie gehen, schließlich war der Lebensabschnitt mit dem Lkw von Anfang an auf Zeit angedacht und immer mit dem Blick darauf, vielleicht doch irgendwo ankommen zu können. Schafe und Hühner könnten wir für die Zeit der Reise sicherlich auf einem der Höfe von Patricks Geschwistern oder dem der Eltern unterbringen.

Zwei Wochen, nachdem wir den Lkw besorgt hatten und mitten in den Planungen für den Bau der Wohnkabine steckten, klingelte Patricks Telefon. Es war sein Schwager, der aufgeregt erzählte, dass ein Haus bei ihnen in direkter Nachbarschaft von privat zu verkaufen war. Ein schönes altes Fachwerkhaus mit kleinem Garten, und womöglich gäbe es in den nächsten Jahren auch die Möglichkeit, etwas Land zu pachten oder zu kaufen. Bis dahin könnten wir uns die Flächen von Schwester und Schwager ein wenig teilen, damit wir unsere Schafe und Hühner mitnehmen konnten. Zwei Jahre zuvor hatten wir den 500 Jahre alten Hof in dieser Gegend angeschaut und nun hatten wir wieder eine Immobilie dort in Aussicht. Die Gegend nahe der Schweizer Grenze war zwar landschaftlich wunderschön, allerdings so infrastrukturschwach, dass die Preise für Häuser im Vergleich zum restlichen Teil von Süddeutschland moderat schienen.

Am nächsten Tag saßen wir im Auto und fuhren hin. Unterwegs warf ich einen Blick in die gängigen Immobilienportale, um die aktuellen Preise für Häuser in der Gegend zu vergleichen.

Noch wussten wir nicht viel von dem Haus, welches da nun zum Verkauf stand, und wir wollten den Preis, den uns der Verkäufer nennen würde, irgendwie einordnen können. Während ich durch die Angebote scrollte und inständig hoffte, mir würde auf der kurvigen Fahrt durch den Schwarzwald nicht wieder schwindelig werden, ploppte plötzlich das Bild jenes Hofes auf, den wir bereits vor zwei Jahren besichtigt hatten. Ich erkannte ihn sofort, obwohl die Bilder neu waren, und in dicken roten Buchstaben stand dort »NUR an Landwirte!!!«. Der Preis des Hofes hatte sich um hunderttausend Euro verringert. Jetzt war mir tatsächlich schwindelig. Auch Patrick konnte es kaum glauben. Wir sahen uns die Bilder ganz genau an. Seit zwei Jahren hatte sich an dem Haus nichts verändert. Es schien noch genauso unberührt auf seinem Höhenzug zu stehen wie eh und je.

»Wir können ja noch dort vorbeifahren, wenn wir das Haus im Dorf angeschaut haben«, sagte Patrick lachend, als er meine geröteten Wangen sah.

Das kleine Fachwerkhaus im Dorf bei Schwester und Schwager war niedlich und lange nicht so sanierungsbedürftig und vermüllt wie der Hof auf dem Berg. Es war schnuckelig und brauchte nur etwas liebevolle Pflege. Der Garten war klein, aber groß genug für ein paar Tomaten und ein Klettergerüst für Kinder. Im Erdgeschoss gab es eine kleine Werkstatt, die Patrick sich einrichten konnte. Abwesend schlurften wir durch das Haus und hatten kaum eine Vorstellung davon, wie unser Leben hier aussehen sollte. Der Unterschied zu unserem fertig sanierten Haus im Dorf war einfach zu gering. Etliche Male hatten wir überlegt, selbst dort einzuziehen. Genauso oft allerdings waren wir zu dem Schluss gekommen, dass dieses Leben nicht unser Ding war.

Nach der Besichtigung fuhren wir die drei Kilometer hinauf auf den Berg in den kleinen Weiler, in dem der baufällige 500 Jahre alte Hof stand. Es war Frühling und die Sonne hatte sich am Nachmittag durch die Wolkendecke gekämpft. Die Konturen des Hofs kamen uns beiden seltsam vertraut vor, und an diesem Tag konnte man den Blick weit über den Schwarzwald streifen lassen. Wir hatten einen kleinen Picknickkorb dabei und legten hinter der einsturzgefährdeten Scheune auf der verwilderten Wiese eine Rast ein. Es war traumhaft, sich vorzustellen, irgendwann wirklich hier zu leben. Unsere paar Schafe und Hühner, die wir auf dem Hof von Patricks Familie hielten, dorthin zu bringen, die Herden zu vergrößern, einen Garten anzulegen und eine kleine Landwirtschaft zu führen. Gleichzeitig kam es uns surreal vor, hier zu sitzen und eine Entscheidung für den Rest unseres Lebens zu treffen, wo wir bis vor drei Stunden noch nicht einmal von der Möglichkeit gewusst hatten. Noch während des Picknicks riefen wir den neuen Makler an. Zwei Jahre zuvor war der Hof an ein Ärztepaar verkauft worden. Dieses hatte in der einsturzgefährdeten Scheune ein Restaurant eröffnen wollen. Der Verkauf war vom Landwirtschaftsamt allerdings aufgrund des Vorkaufsrechtes für LandwirtInnen rückgängig gemacht worden. Alles in allem ein Bauernhofkrimi sondergleichen. Noch während des Gesprächs gaben wir unsere Zusage für den Hof.

»Aber Sie haben ihn ja gar nicht angeschaut!«, hörte ich den verwunderten Makler sagen.

»Doch, vor zwei Jahren. Außerdem sitzen wir gerade hinter der Scheune!«, sagte Patrick.

»Na, also, wenn Sie meinen …«, murmelte der Makler.

»Ja, wir sind uns sicher.«

»Und Sie sind auch Landwirt?«

»Ja, ich bin auf einem Betrieb zwischen Schwarzwald und Markgräflerland aufgewachsen und wir gehen direkt in Gespräche mit dem Landwirtschaftsamt hier vor Ort.«

Das schien den Makler zu überzeugen. Patrick handelte ihn noch direkt am Telefon ein wenig herunter im Kaufpreis. Es war mehr als offensichtlich, dass auch der zweite Makler mit dem Verkauf des Hofes kurz vorm Verzweifeln war und ihn einfach nur loswerden wollte. Patrick und der Makler vereinbarten einen Termin gemeinsam mit einer der Verkäuferinnen aus der Erbengemeinschaft und der Makler versprach, den Hof im Internet als »reserviert« zu kennzeichnen. Er habe ihn inzwischen ohnehin mit über zwanzig Menschen angeschaut und so langsam die Faxen dicke. Zu viele Träumereien. Zu viel Zeit investiert für eine Bruchbude, die nicht einmal eine ordentliche Provision einbringen würde.

Und mit einem Mal war alles anders. Zwar war es noch ungewiss, ob wir es schaffen würden, den Hof als Landwirte ohne landwirtschaftliche Ausbildung kaufen zu können, aber immerhin hatten wir einen Hof reserviert. Nach jahrelanger Suche. Nach einer mehr als abenteuerlichen Achterbahnfahrt mit einigen Zwischenstationen und Umwegen zum Ziel. In den nächsten Monaten setzten wir alles daran, Gesetzestexte zu lesen, uns mit landwirtschaftlichen Anwälten, Beratern und Ämtern in Verbindung zu setzen. Wir wussten, dass es nicht leicht war, eine Landwirtschaft ohne Ausbildung zu starten. Wir wussten aber auch, dass es nicht unmöglich war, und Patrick brachte alle Fähigkeiten mit, die es brauchte, um einen Betrieb hier draußen hochzuziehen.

Gemeinsam mit einem landwirtschaftlichen Berater, den wir ins Boot geholt hatten, tüftelten wir ein Konzept aus. Glücklicherweise konnte uns die Erbengemeinschaft, die den Hof veräußern wollte, fünf Hektar Land mitverpachten. Drei Hektar konnten wir kaufen. Für mehr reichte das Geld nicht. Die Hälfte des Kaufpreises stemmten wir über einen Privatkredit. Die andere Hälfte konnten wir aus eigenen Mitteln aufbringen. Trotz der Sanierung in den letzten beiden Jahren hatten wir viel gearbeitet, sparsam gelebt und Patrick hatte die Sanierungskosten gut durchkalkuliert. Wir waren für den Kauf der Bauernhofbruchbude von Anfang an in einen engen Austausch mit dem Landwirtschaftsamt gegangen und konnten glaubwürdig versichern, dass wir das Land eigenhändig bewirtschaften und eine Nebenerwerbslandwirtschaft aufbauen würden. Das war die absolute Voraussetzung für die Bewilligung des Kaufes. Und auch für uns selbst. Wir hatten uns in dem ganzen Prozess durch Berge von Papier, Paragrafen und E-Mails wühlen müssen, um schlussendlich unser Ziel zu erreichen. Die Zeit war reif. Und auch wir waren reifer.

Nach einem Monat Vorarbeit, vier Stunden Notariat und ungezählten Unterschriften hatten wir es geschafft. Wir waren endlich stolze Besitzer der Villa Kunterbunt im Großformat, mitten in der Pampa an einem Ort, von dem wir die längste Zeit unseres Lebens nicht einmal gewusst hatten, dass er existierte. Das Verrückteste an der ganzen Sache aber war, dass wir einen Bauernhof gekauft hatten, dessen wichtigsten Teil, die Scheune, wir nie hatten besichtigen können. Genau das aber war nun unser erstes Ziel, als wir im Notariat alle Hände bei der Erbengemeinschaft geschüttelt hatten und es selbst kaum fassen konnten. Wir stiegen ins Auto, verließen die moderne Welt und fuhren hinauf in den kleinen Weiler, der, wie es aussah, nun unser Zuhause werden würde. Die Zeit schien hier oben stillzustehen und das Rauschen der Welt verstummte, wenn man die lange, schmale Straße durch den Wald zum Haus fuhr.

Am Hof angekommen, konnten wir erst nicht aussteigen. Wir starrten unser zukünftiges Zuhause an, das uns plötzlich wieder seltsam fremd vorkam. Was wussten wir schon von dieser Gegend? Wer konnte uns sagen, ob wir die richtige Entscheidung getroffen hatten? Ob wir hier jemals glücklich werden würden? Als wir uns endlich doch aus der vertrauten Sicherheit unseres Autos wagten, machte Patrick sich sogleich an den großen Scheunentoren zu schaffen. Knarzend und ruckelnd ließen sie sich öffnen. Der Geruch von staubigem Heu und uraltem Motorenöl drang uns in die Nasen, und als ein wenig Tageslicht durch das geöffnete Tor fiel, stockte uns der Atem. Die von außen so unscheinbare Betonwand der Scheune war von innen ein historisches Goldstück. Drei kleine Rundbogentüren und einige hübsche Fenster mit Sandsteingewändern steckten in der uralten, von Hand aufgesetzten Bruchsteinwand. Kaum zu fassen, wie viel Arbeit vor 500 Jahren in diesen Hof geflossen war. Staunend begutachteten wir die Scheunenwand, die an eine Burgmauer erinnerte. Eine Burgmauer, die wir soeben gekauft hatten, ohne es zu wissen. Fenster und Türen waren zugemauert und von außen mit Beton glattgezogen, sodass man das schmucke Innere nicht hatte erahnen können. Ein Gefühl von tiefer Ehrfurcht machte sich breit, und mit einem Mal wussten wir wieder, dass wir die richtige Entscheidung getroffen hatten.

Noch heute erinnere ich mich gut an diesen Moment. An das Geschenk, das wir bekommen hatten, weil wir mutig genug gewesen waren, unserem Herzen zu folgen. Wir hatten all die Hürden der vorangegangenen Jahre gemeistert und waren noch voller Zuversicht. Gleichzeitig waren wir aber auch voller Sorge. Was, wenn uns all das hier unglücklich machen würde? Was, wenn wir einsam werden würden, da oben auf dem Hof zwischen unseren steinernen Mauern? Wollten wir wirklich all unsere Freunde und einen großen Teil unserer Familie verlassen, um hundert Kilometer weit weg von vorn anzufangen? Was, wenn wir keine Arbeit finden würden? Was, wenn unser Finanzkonzept nicht aufgehen würde? Was, wenn wir körperlich nicht genug Kraft haben würden für alles, was da nun auf uns zukam? Was, wenn einem von uns etwas zustoßen würde?

In unserem Leben waren die ersten Schritte meist die härtesten gewesen. Immer hatte es sehr viel Startenergie gebraucht, bis wir endlich anfangen konnten. Bis wir endlich einen Hof gefunden hatten, der es wert war, alles aufs Spiel zu setzen. Anfänge haben das vielleicht so an sich. Das erste Jahr unserer Beziehung war das herausforderndste gewesen. Das Elternwerden war mit einer kritischen Schwangerschaft und einer komplizierten Geburt so schwer gewesen. Die Suche nach einem Zuhause nach dem Brand unseres Wagens war von Rückschlägen und Hürden geprägt gewesen. Die Sanierung unseres ersten Hauses hatte uns alle Kraft gekostet, weil wir keine Erfahrung hatten und Patrick sich in alle Themen erst einmal mit vollem Einsatz hineinarbeiten musste. Heute sind wir schon einige Schritte weiter. Wir bauen auf unseren Erfahrungen auf und haben damit die Kraft, alles, was neu für uns ist, zu meistern. Aller Anfang ist schwer. Allem Anfang jedoch wohnt gleichzeitig ein Zauber inne. Der Zauber der großen Vision, auf die wir hinarbeiten, während wir unsere ersten Schritte gehen.

Ich bin der festen Überzeugung, dass alles im Leben seinen Preis hat. Wir wissen, dass der baufällige Hof uns schlussendlich 180 000 Euro gekostet hat. Allerdings konnte uns niemand sagen, welchen emotionalen und körperlichen Preis wir in den nächsten Jahren wirklich dafür zahlen würden. Wir wussten, dass es hart werden würde. Hätten wir gewusst, *wie* hart, hätten wir dann eine andere Entscheidung getroffen? Zu jedem Anfang gehört eine Portion Unwissenheit, denn die ist oft nötig, um in Bewegung zu kommen. Man sieht die Vision klar und deutlich vor sich, nur der lange, steinige Weg dorthin liegt glücklicherweise im Verborgenen.

Auch jetzt noch beobachte ich in allen Bereichen des Lebens, dass Anfänge Kraft kosten. Egal, womit wir neu anfangen wollen. Eine neue Sprache zu lernen ist schwer, bis wir auf dem Stand sind, ein bisschen Small Talk führen zu können. Erst dann beginnt es, auch Spaß zu machen. Jedes neue Software-Update ist erst mal eine Herausforderung, bis wir uns mit der neuen Anwendung zurechtgefunden haben. Das menschliche Gehirn ist darauf getrimmt, in Gewohnheiten zu denken. Das Hirn ist ein Muskel und für ihn bedeutet »neu« zunächst einmal Anstrengung. Apps sind heute superintuitiv gestaltet. Aber um sie bedienen zu können, brauchen wir ein Grundwissen über Technik. Heute lernen Kinder schon früh, allerhand Programme zu benutzen, aber für die älteren Generationen ist jede technische Neuerung zunächst eine Herausforderung.

Auch im analogen Leben rund um Landwirtschaft, Sanierung, Selbstversorgung und unseren Job mit Social Media mussten wir vieles neu lernen. Bis heute stehen wir täglich vor sehr vielen Herausforderungen. Besonders durch die große Verantwortung für unsere Kinder, Tiere und Pflanzen. Wir machen ständig Fehler. Als Landwirt ist man von früh bis spät damit beschäftigt, Probleme zu lösen, Traktorreifen zu flicken, Zäune zu reparieren. Egal, ob man Landwirt im Vollerwerb ist oder wie wir eine kleine Nebenerwerbslandwirtschaft betreibt: Auch nach jahrelanger Erfahrung tauchen jedes Jahr neue Themen auf, in die wir uns hineinarbeiten müssen. Das Prozedere bei landwirtschaftlichen Anträgen, das sich hin und wieder ändert, neue Krankheiten bei den Tieren, Geburtskomplikationen, Wetterlagen – all das können wir nicht vorhersehen. Das Smartphone macht uns heute vieles möglich, was noch vor einigen Jahren einen riesigen Mehraufwand bedeutet hätte. Wir können uns schneller informieren und müssen nicht extra aufs Amt, zum Tierarzt fahren oder den Wetterfrosch befragen. Wir sind froh darum, so analog zu leben. Gleichzeitig sind wir dankbar dafür, dass wir uns fehlende Informationen in Windeseile beschaffen können und so immer einen Schritt weiter gehen können. Für mich ist es heute eine große Hilfe, um den Mehraufwand der »Startenergie« zu wissen und zu akzeptieren, dass Neuanfänge zwar zauberhaft sind, aber ebenso voller intensiver Arbeit, bis wir gelernt haben, in den Fluss zu kommen und auch ohne Schwimmflügel den Kopf über Wasser zu halten.

3
Kurz vor Sonnenaufgang ist die Nacht am kältesten

Wie wir uns in einer modernen Welt immer wieder neu definieren und uns trotzdem treu bleiben

Unser Neuanfang stand endlich doch unter einem guten Stern. Zwar waren wir ausgelaugt von der Achterbahnfahrt der letzten beiden Jahre, aber wir hatten einen Weg gefunden, der sich für uns richtig anfühlte. Der erste Schritt auf diesem Weg war eine Hochzeit. Klein und fein sollte sie werden. Nur wir beide und ein Trauzeuge, den wir, wie so vieles in unserem Leben, ziemlich spontan auserkoren hatten. Wir hatten, ohne vielen Menschen davon zu erzählen, einen Termin beim Standesamt gemacht. Mit Baby und Haus fühlte es sich einfach richtig an, nun auch als Mann und Frau in das nächste Kapitel unseres Lebens zu starten. Irgendwie hatten wir ja sowieso schon immer gewusst, wen wir heiraten wollten. Da weder Zeit noch Geld übrig waren, um eine ordentliche Hochzeit zu feiern, dachten wir, es würde kaum für Aufruhr sorgen, dass wir eine Unterschrift irgendwo aufs Papier setzten. Ganz für uns. Einfach, um ein bisschen mehr klassisches Flair in unser wildes Leben zu bringen.

An einem Morgen im November 2022 war es so weit. Aufgeregt wuselten wir durch den Zirkuswagen auf der Suche nach dem festlichsten Outfit, das unsere Kleiderschränke und die

Schublade mit Oskars kleinen Kinderklamotten hergaben. Plötzlich klopfte es an der Tür und eine Freundin stand mit Lockenstab und Make-up-Koffer bewaffnet auf der obersten Stufe der Wagentreppe. »Paddi hat Marcel von eurer Hochzeit erzählt. Ich finde das ja eine Frechheit, kann mich aber nicht beschweren, weil Marcel und ich auch so unaufgeregt heiraten wollten«, sagte sie lachend, drückte sich durch die Eingangstür und stellte den Schminkkoffer demonstrativ auf dem kleinen Esstisch im Wagen ab. »Na ja, obwohl ihr das hier heimlich machen wollt, musst du wenigstens nach was aussehen! Irgendein schönes Foto willst du ja doch vom heutigen Tag haben, oder?«, fuhr sie fort. Ich ließ mich ohne Widerrede auf die Sitzbank neben dem Tisch plumpsen und schaute ihr grinsend dabei zu, wie sie eine Flasche alkoholfreien Sekt und drei Gläser aus ihrem Schminkkoffer beförderte, den Korken feierlich knallen ließ, das Blubberwasser auf die Gläser verteilte und nach einem kleinen »Stößchen!« mit ihrem Werk an meinen Haaren und meinem Gesicht begann. Als sie etwa eine halbe Stunde später zufrieden schien, packte sie ihren Krempel zusammen und verschwand augenzwinkernd so zügig, wie sie gekommen war.

Im Grunde hätte uns der weitere Verlauf des Tages schon an diesem Punkt klar sein können. Wir aber ahnten nichts, kamen ohne viel Tamtam pünktlich und top gestylt zum Termin beim Standesamt, setzten eine Unterschrift und ich verdrückte mir ein paar Tränchen. Dann bedankten wir uns bei der Standesbeamtin und schlurften die Wendeltreppe des alten Rathauses hinunter. Der Plan sah vor, anschließend irgendwo eine Kleinigkeit essen zu gehen. Patrick drückte die Tür des Haupteingangs auf und bekam prompt eine Blume gegen den Kopf geschleudert. Dann noch eine und noch eine, und als ich mit Oskar auf den Vorplatz trat, regnete es gar Rosenblätter. Etwa dreißig Menschen hatten sich vor dem

Standesamt versammelt, warfen Blumen, tranken Sekt und tadelten uns für den Versuch, den wir unternommen hatten. Nicht nur meine Freundin, sondern auch einer unserer besten Kumpels hatte von unserem Vorhaben Wind bekommen und den Rest der Hochzeitsgesellschaft heimlich aktiviert. Es wurde ein wunderschöner Nachmittag mit den liebsten Menschen um uns herum, die an unserer Entscheidung teilhaben wollten. Die große Hochzeitsfeier mit Einhorn und Kutsche, Glitzer, Konfetti, fünfstöckiger Erdbeersahnetorte und freier Trauung auf unserem Hof steht übrigens bis heute noch aus. Der Mensch braucht schließlich Ziele im Leben. Nicht, dass irgendwann einmal Langeweile einkehrt. Von Langeweile allerdings konnte nun wirklich zu keiner Zeit die Rede sein. Und obwohl die Sterne im Grunde gut standen und wir glücklich waren mit dem Lauf der Dinge, sollte das Leben noch einmal nachtschwarz werden für uns.

Vier Wochen nach unserer wunderschönen Spontanhochzeit lag Patrick im Tiny House und rührte sich nicht. Der restliche November war ohnehin nassgrau und kalt gewesen, doch für uns fühlte er sich erbarmungslos an. Wir hatten eigentlich schon lange gewusst, dass es Patrick nicht gut ging. Gleichzeitig hatten wir gehofft, dass sich die Dinge mit einem Neuanfang zum Guten wenden würden. Doch die letzten Jahre hatten viel Kraft gekostet und vor allem Patrick hat ein Talent dafür, die eigenen Grenzen zu ignorieren. Weiterzumachen, egal, was kommt. Es allen um sich herum recht zu machen, nur nicht sich selbst. Schon in den letzten Jahren hatte er immer wieder Schübe einer chronischen Krankheit über sich ergehen lassen müssen. Dieses Mal aber war es besonders intensiv. Dieses Mal war er so krank, dass ich Angst hatte, ihn zu verlieren, obwohl die Krankheit mit ärztlicher Unterstützung meist nicht tödlich endet. Ich pflegte unser Baby. Ich pflegte meinen Mann und versuchte mit all meiner Kraft, gegen das Gefühl von Machtlosigkeit und die pure Verzweiflung anzukämpfen. Wir hatten alles versucht. Alle greifbaren Hausmittel und Heilverfahren genutzt. Nun aber waren wir am Ende. Patrick hatte in kürzester Zeit so viel Gewicht verloren, dass er kaum wiederzuerkennen war. Es ist hart, einen geliebten Menschen leiden zu sehen und nicht helfen zu können. Nicht zu wissen, was da passiert und wo es hinführen wird.

Kurz vor Weihnachten gaben wir auf. Mit letzter Kraft schleppte Patrick sich ins Auto, lag auf der Rückbank unseres Geländewagens und war kaum noch ansprechbar. Das hat mir immer am meisten Angst gemacht an dieser Krankheit, die in Phasen auftritt. Dieser Zustand der völligen Apathie. Sein Körper war noch da. Aber seine Lebensenergie war verschwunden und auch das letzte Quäntchen Lebensfreude verblasst. Ich brachte Patrick in die Notaufnahme und sie behielten ihn gleich da. Meinen Mann im Krankenhaus abzugeben fühlte sich wie scheitern an. Obwohl es alles andere war als das. Wir hätten viel früher ins Krankenhaus fahren sollen. Der Kampf gegen die Krankheit zu Hause war schlussendlich auch ein Kampf gegen uns selbst gewesen. Die letzten Tage und Wochen waren unsere Verzweiflung und Patricks Schmerzen zwischen Hausmittelchen und vergeblichen Selbstheilungsexperimenten nur stärker geworden. Wir wollten nicht schon wieder an ein Krankenhaus gebunden sein. Nun gab es jedoch erneut keinen Weg daran vorbei.

Ich fuhr mit unserem Sohn allein zurück zum Tiny House. Die Tränen in meinen Augen und der Regen, der auf die Windschutzscheibe prasselte, machten es mir fast unmöglich, die Straße vor uns zu erkennen. Unser Sohn schlief. Sonst schrie er meistens. Jetzt aber war er still. Ich dagegen war vollkommen aufgelöst. Ich wollte meinen Mann zurück. Den Menschen, dem ich vor wenigen Wochen versprochen hatte, für immer mit ihm gemeinsam durchs Leben zu gehen. Seit der Zeit, die ich mit unserem Sohn mitten in der Pandemie auf der Intensivstation hatte verbringen müssen, waren Krankenhäuser für mich der letzte Ort, an dem ich sein wollte. Ich möchte nicht, dass es so klingt, als seien wir undankbar gegenüber all denen, die in den Krankenhäusern dieser Welt jeden Tag ihr Bestes geben. Ganz und gar nicht. Ich ziehe meinen Hut mit drei Pirouetten und tosendem Applaus. Ich habe die größte Ehrfurcht vor allen Berufen im Bereich Pflege und Gesundheit. Dennoch war alles, was wir wollten, Freiheit. Leben.

Und doch war ich froh, dass Patrick jetzt an einem Ort war, wo es Menschen gab, die besser als ich wussten, was zu tun war. Das vermeintliche Scheitern war gleichzeitig eine Befreiung. Eine Last, die von meinen Schultern fiel. Nun musste ich nur noch die Verantwortung für ein hilfloses Wesen tragen. Und dieser kleine Mensch forderte in seinen ersten Lebensjahren ohnehin sehr viel Zuneigung, Nähe und Stärke von seiner Mama. Oft genug war ich überfordert damit, seine intensiven seelischen und körperlichen Bedürfnisse zu stillen. Patricks Krankheit hatte noch zusätzliche Kraftreserven verbraucht, die nun eindeutig erschöpft waren. Wir waren beide am Ende. Nur mein übermächtiger Wille, eine liebende Mutter für meinen Sohn zu sein, hielt mich auf den Beinen.

In den Tagen, die Patrick im Krankenhaus verbringen musste, bekam ich viel Unterstützung von unseren Familien und Freunden. Es gibt kaum etwas Wertvolleres auf dieser Welt, als zu erfahren, dass man nicht allein ist. Dass man getragen wird von den liebsten Menschen um sich herum. Trotzdem klaffte da eine große Leere. Diese Ungewissheit darüber, wie es mit Patrick weitergehen würde. Mit uns als Familie. Mit dem alten Hof da draußen mitten in der Pampa. Mit unserer Selbstständigkeit, unserer

Existenz und unseren Rollen als Ehepaar und Eltern. Wir wussten zwar, dass Patrick mit der Krankheit höchstwahrscheinlich noch viele Jahre leben konnte, wir wussten jedoch nicht, unter welchen seelischen und körperlichen Bedingungen.

Ich kenne keinen Menschen, der seinen Körper so gut beherrschen kann wie Patrick. Keinen Menschen, der Schmerzen so leichthin erträgt wie er. Ich erinnere mich zum Beispiel an ein Telefonat mit ihm. Ich war mit unserem ersten Kind schwanger und saß gerade mit einer Freundin in einem Café, als mein Handy klingelte. Ich tippte auf das grüne Hörerzeichen:

»Hi.«

»Hey.«

»Ich wollte eigentlich nur fragen, ob ihr noch im Café seid oder zufällig schon auf dem Rückweg?«

»Wir sitzen hier noch. Soll ich noch was mitbringen?«

»Nein, eigentlich nicht.«

»Was ist denn?«

»Also, wenn ihr nicht mehr so lange braucht, dann könntest du mich vielleicht in die Notaufnahme bringen? Ich glaube, ich kann grad nicht selbst Auto fahren …«

»Was ist passiert?«

»Ich habe gerade den Hahn geschlachtet und mir dabei das Messer durch den Arm gerammt. Aber nur das Fleisch, glaube ich. Ich dachte, ich kann grad selbst schnell fahren, aber es ist die rechte Seite und das tut echt höllisch weh beim Schalten und ich glaube, das blutet dann auch noch doller.«

Natürlich habe ich meinen Kaffee nicht ausgetrunken. Ich habe auch nicht gezahlt oder noch irgendetwas vom Einkaufen mitgebracht. Ich habe meine Freundin mit der Rechnung sitzen lassen und diesen verflixten Kerl so schnell wie möglich in die Klinik gebracht. Die Narben sind bis heute sichtbar. Zwei Einstichlöcher. Eines vorne am Unterarm, eines hinten. Wie Butter war das altehrwürdige Schlachtermesser seines Opas durch Patricks Arm gegangen. Über die Jahre war es so oft nachgeschliffen worden, dass es nur noch eine schmale, lange Klinge hatte.

Nun aber war für Patrick die Körperbeherrschung vorbei. Dieser Schub hatte ihn umgehauen. Weggepustet. Ausgeknockt. Dieses Mal hatte er der Wucht seiner Krankheit nichts entgegensetzen können. Es war der dritte Schub, der in seinem Leben über ihn hereingebrochen war. In den ersten Jahren hatte er nicht gewusst, was mit ihm passierte. Die Ärzte hatten lange nichts herausfinden können und es gab zu seinen Symptomen keine klare Diagnose. Patrick war schon oft verzweifelt gewesen, hatte es nicht akzeptieren wollen und weitergekämpft. Dieser Schub jedoch war der erste, dem wir nichts entgegenzusetzen hatten.

Die Pandemie war abgeflacht und das Krankenhaus war für BesucherInnen wieder ein wenig zugänglicher, obwohl sich die Regeln noch immer von Tag zu Tag änderten. Unser kleiner Sohn konnte die Situation mit seinen eineinhalb Jahren noch nicht erfassen, aber er freute sich sehr, wenn er seinen Papa im Krankenhausbett entdeckte. Er kletterte auf ihm herum und seine Freude war spürbar, als Patrick nach und nach wieder lebendiger wurde. Wir hatten all die starken Medikamente, das Cortison und die Spritzen umgehen wollen. Bis heute ziehen wir Naturheilmittel und einen gesunden und aktiven Lebensstil vor. Manchmal jedoch muss man von seinen Idealen lassen, um zu heilen. Jeden Tag kam mehr von seiner Kraft zurück und meine Verzweiflung machte einer leisen Hoffnung Platz.

Je mehr von Patricks Kraft zurückkam, desto intensiver wurden unsere Gespräche über unsere Zukunft und Vergangenheit.

Ich saß auf der Bettkante eines weiß bezogenen Krankenhausbettes aus Metall, unser kleiner Oskar spielte mit einem aufgeblasenen Arzthandschuh, den ihm die Krankenschwestern mit Edding bemalt hatten, und Patrick klammerte sich tapfer an dem dreieckigen Griff über seinem Bett fest, um wenigstens halbwegs Haltung zu zeigen.

Doch die Wahrheit war: Wir wussten nicht, wie unsere nächsten Jahre aussehen würden. Wir hatten diesen Hof am Ende der Welt gekauft, in den noch so viel Arbeit gesteckt werden musste. Ein Ort, der uns nicht nur Geld kosten würde, sondern vor allem sehr viel Lebensenergie. Von beidem war nur noch wenig vorhanden in unserer damaligen Situation. Niemand wusste, wie sich die Krankheit entwickeln würde. Womöglich würde ich noch oft allein mit unserem Kind und unseren Tieren in dem unsanierten Hof sitzen, während Patrick einen weiteren intensiven Schub im Krankenhaus auskurierte. Wie sollte all das funktionieren? Wir hatten immer am selben Strang gezogen und uns nie gefragt, wer mehr Haushalt, Arbeit am Hof oder mit dem Sohnemann leistete. Zwei Jahre zuvor hatte ich mich als Autorin, Regisseurin und Zirkustrainerin selbstständig gemacht. Sehr viel Geld brachte das noch nicht ein, angesichts dessen, dass ich nun vor allem eines war: Mama. Patrick hatte in seinem Beruf als Zimmerer den Haupterwerb gestemmt. Ich hingegen hatte versucht, alles zu übernehmen, was sonst noch anfiel. Unsere Aufgabenverteilung könnte man auf den ersten Blick als recht altmodisch bezeichnen. Auf den zweiten Blick jedoch haben wir beide einfach immer getan, was wir gut konnten, was dem anderen half und was uns näher an unsere gemeinsamen Ziele bringen würde. Nun aber war klar, dass Patrick nicht weiter als Zimmerer arbeiten und obendrein ein 500 Jahre altes Hofgut in Eigenleistung sanieren konnte. Das Einzige, was wir wussten, war, dass wir zusammen sein wollten. Trotz aller Hindernisse, die uns das Schicksal bis hierhin vor die Füße geworfen hatte, spürten wir, dass es einen Weg für uns gab. Dass es uns gut ging, wenn wir einander hatten, und dass nichts falsch war an unseren Träumen und Visionen von einem arbeitsamen Leben auf dem Land. An der Hoffnung, Patricks Krankheit mit einem kompletten Lebenswandel in den Griff zu bekommen, hielten wir fest.

Jede chronische Krankheit hängt in irgendeiner Form mit der Psyche zusammen, denn nur unter großem Druck und Stress bricht das Immunsystem ein und die Krankheit hat eine Chance, sich zu manifestieren. Davon sind wir überzeugt. Gleichzeitig ist aber kein Mensch schuld an seiner Krankheit und es ist mehr als leichtfertig zu behaupten, dass jede Krankheit heilbar ist. Zu oft haben wir diesen Satz gehört. Zu viele ungefragte Tipps und Tricks haben wir um die Ohren gepfeffert bekommen. Zu viele Wege der Hoffnung auf Heilung hatten wir in den letzten Jahren beschritten, nur um nun doch im Krankenhaus an irgendwelche Apparate gefesselt zu sein.

Noch vor der Schwangerschaft mit unserem Sohn, einige Zeit nach unserem Handschlag auf der Mühle, waren Patrick und ich mit dem Rucksack durch Jordanien gereist. Die erste große Reise als Paar. Durch einige dumme Zufälle waren wir ohne Schlafsäcke, Isomatten und dicke Kleidung spät am Abend von der Pritsche eines jordanischen Toyota Hilux geworfen und mitten in der Wüste des Wadi Rum zurückgelassen worden. Die Sterne waren wunderschön dort in der Wüste, aber die Nacht sehr dunkel und ein Weiterkommen unmöglich. So blieb uns nichts anderes übrig, als an Ort und Stelle zu bleiben. In einer Steinhöhle fanden wir ein paar wenige Stücke Holz, die wohl eine Karawane dort hatte liegen lassen. Wir zündeten ein kleines Feuer an und versuchten, uns aneinander zu wärmen. Tagsüber ist die Wüste warm. In der Dunkelheit jedoch … Es. War. Die. Kälteste. Nacht. Unseres. Lebens. Als wir am nächsten Morgen steif gefroren und froh, überlebt zu haben, den ersten Sonnenstrahlen auf der gegenüberliegenden Seite des Wüstentales entgegenwankten, um aufzutauen und Ausschau zu halten nach dem nächsten Stück Zivilisation, murmelte Patrick einen Satz, den ich bis heute nicht vergessen kann. Er hat ihn einfach so dahingeplappert, aber es steckt so viel Wahrheit darin: »Kurz vor Sonnenaufgang ist die Nacht am kältesten.«

Für uns ging nun aber ein Lichtlein an in einer der kältesten und dunkelsten Zeiten unseres bisherigen Lebens. Es war Weihnachten 2022, ohnehin das Fest der Lichter. Die Wintersonnenwende war schon vorüber und die Zeit, in der die Tage wieder länger werden, war angebrochen. Die Zeit, in der das Licht zurückkommt. Zu Hause im Tiny House war ich mit den letzten Vorbereitungen beschäftigt, um ins Krankenhaus zu fahren und die Heilige Nacht irgendwie gemeinsam als Familie verbringen zu können. Im nahe gelegenen Wald von Patricks Familie hatte ich mit Oskar ein etwa 20 Zentimeter großes Bäumchen gefunden, das ich ins Krankenhaus bringen wollte. Oskar und ich schmückten es mit kleinen, handgemachten Filzkugeln und einer Lichterkette mit Batterie. Als Baumständer diente ein altes Brett aus Patricks Werkstatt, welches ich durchbohrt hatte, um das Bäumchen aufrecht hineinzustecken. Ich wollte nichts mehr als ein bisschen Liebe und Schönheit um uns herum.

Wir fuhren in die Klinik und Patrick war inzwischen wieder sehr viel fitter, die Schmerzmittel taten ihren Dienst. Es war ein wunderschöner und sehr besonderer Abend im Krankenhaus, denn in den Fluren spielte ein Violinen-Trio und das Essen war besonders üppig. Ich stellte mein Handy auf das Schränkchen gegenüber dem Krankenbett und schaltete den Selbstauslöser ein. So entstand ein hübsches kleines weihnachtliches Familienfoto mit Bäumchen im Krankenhaus. Später am Abend, als Oskar und ich längst wieder zurück im Tiny House waren und der kleine Mann schlief, postete ich das Bild als Weihnachtsgruß an Freunde und Familie und die kleine Community, die wir zu dieser Zeit auf Social Media aufgebaut hatten, auf Instagram … Vielleicht viertausend Follower zählte mein Account, doch das Weihnachtsfoto ging viral. Im kleinen Stil natürlich. Trotzdem fanden etwa fünftausend weitere Menschen meinen kleinen Account. Auch die Beiträge und ersten Reels über unser Leben auf dem Land, die ich in den darauffolgenden Wochen und Monaten postete, kamen gut an.

Zwei Jahre zuvor hatte ich noch nicht einmal ein Smartphone besessen, weil ich die Vorstellung so schrecklich fand, das Ding im Alltag immer dabei zu haben und den Zauber der Gegenwart durch ständige Erreichbarkeit und die neuesten News zu zerstören. Erst mit 17 Jahren hatte ich mir überhaupt ein Schwarz-Weiß-Tastentelefon zugelegt, während andere in meinem Alter schon jahrelang ihre Farbtelefone zum Aufklappen oder gar die ersten Touch-Modelle besaßen. Technik war für mich damals eher ein rotes Tuch und ich boykottierte alles, was damit zu tun hatte, weitestgehend. Heute kann ich aber sagen, dass ich mir in dieser ablehnenden Haltung lange Zeit selbst im Weg gestanden habe.

Nachdem ich 2019 aus Costa Rica zurückgekehrt war und versucht hatte, mir auf dem Land ein bisschen mehr Beständigkeit aufzubauen, unterzeichnete ich meinen ersten Verlagsvertrag, und gleichzeitig zog auch das erste Smartphone in mein Leben ein. Ich konnte mein Glück zu dieser Zeit kaum fassen. Als unbekannte Autorin nicht nur bei einer Literaturagentur untergekommen zu sein, sondern direkt auch bei einem der größten deutschen Verlage ein Buch veröffentlichen zu dürfen, war mehr, als ich jemals zu hoffen gewagt hatte. Der Verlag hatte allerdings nachdrücklich darum gebeten, dass ich einen Social-Media-Account pflege und damit sichtbarer werde. Ich willigte ein, denn trotz meiner Bestrebungen, ein ausschließlich analoges Leben zu führen, wollte ich diese einmalige Chance nicht vermasseln. Noch heute erinnere ich mich genau an den Moment, als Patricks Bruder mir im Sommer 2020 erklärte, wie Instagram überhaupt funktioniert: Storys bleiben 24 Stunden online, Beiträge bleiben für immer. Aktuell jedoch sei es wichtiger, Reels zu posten, riet er mir. Von Videoschnitt oder Reels hatte ich natürlich keine Ahnung und ich fühlte mich mit meinem Smartphone wie eine Außerirdische. Ich bekam regelrechte Schweißausbrüche, wenn ich irgendwelche Apps benutzen musste. Es dauerte Ewigkeiten, bis ich mich in der Bedienung der Instagram-App endlich zurechtfand: Was war eigentlich der Unterschied zwischen Nachrichten und Kommentaren? Wo konnte ich Beiträge beschriften und was bedeutete dieser seltsame Papierflieger oben im Eck? So beließ ich es vorerst bei ein paar wenigen Fotobeiträgen und einer Handvoll Storys zum Autorinnenleben. Ab und an postete ich Videos von Hund, Hühnern, Schafen und unserem Leben im Tiny House als Selbstversorger.

Erst während unserer Reise durch Portugal mit unserem frühgeborenen Sohn nahm mein Social-Media-Account ein wenig Fahrt auf. Unterwegs im Oldtimerbus lernten wir ein paar Content Creator kennen und trafen Menschen, die uns erzählten, dass sie komplett von ihrer Arbeit auf Instagram leben. Für uns war das schier unglaublich. Während der Reise hatte ich mehr Zeit als sonst, mich mit der App auseinanderzusetzen, und fand den Mut, täglich Geschichten von unterwegs zu erzählen. Nichts Wilderes und Schöneres gibt es, als mit Patrick und unserem Hund Ole unterwegs zu sein. Und dann auch noch mit Baby. Die Fotos, die ich postete, gewannen ein wenig an Reichweite und ich begann, eine diebische Freude am Posten von Dingen zu verspüren, die ich Tag für Tag erlebte. Schon immer war ich Geschichtenerzählerin und endlich lernte ich Instagram als ein Medium kennen, durch das ich diese Geschichten ganz einfach teilen konnte. Ich postete regelmäßig das, was uns selbst erfreute, denn wenn man Freude teilt, wird sie größer. Ich zeigte unsere Pannen, kreierte Spannungsbögen und fing mit der Kamera des alten, gebrauchten Smartphones, das ich bei mir trug, den ein oder anderen Sonnenuntergang am Strand ein.

Nach unserer Rückkehr auf den Hof machte ich weiter. Ich genoss den Austausch mit Gleichgesinnten im Alltag. Häufig drehten sich die Gespräche auf Hof und Baustelle nur um Bagger und Beton. Über Social Media fühlte ich mich auch mit Themen rund um Mutterschaft, Wildkräuter, Selbstversorgung und auch Persönlichkeitsentwicklung eingebunden.

»Kurz vor Sonnenaufgang ist die Nacht am kältesten.« Daran musste ich immer wieder denken. Und nach Weihnachten graute schließlich ein neuer Morgen. Es fühlte sich so an, als würden zaghafte Strahlen die Schatten der tiefen Nacht von unserem Weg vertreiben. Patrick konnte noch vor Neujahr wieder zu uns nach Hause kommen. Das Leben begann langsam wieder heller zu werden. Freundlicher und wärmer. Mein Mann konnte auf seinen eigenen Beinen stehen und war fast wieder der Alte. Und mir ging es ebenfalls besser, weil ich endlich aufatmen konnte und diesen intensiven Krankheitsschub gemeistert hatte. Zu dieser Zeit hatte mein kleiner Social-Media-Kanal gerade die Zehntausend-Follower-Marke geknackt. Mit dieser magischen Zahl kamen die ersten kleinen Kooperationsanfragen von Unternehmen. Im Februar 2023 fanden wir uns sogar in einem kleinen Familienhotel in Österreich wieder, wo wir uns im Tausch gegen Storys und Beiträge für zwei Nächte von den Strapazen des Winters erholen durften. Die Zeit im Hotel nutzte Patrick für ausführliche Recherchen. Zeit seines Lebens war er Autodidakt und wir wären heute längst nicht dort, wo wir sind, wenn er nicht die Angewohnheit pflegen würde, sich unerschrocken in neue Themen einzuarbeiten. Auf jeder Reise, immer dann, wenn der Sanierungs- und Hofalltag ein wenig Raum lässt, findet er ein neues spannendes Thema. Auf der Reise durch Portugal waren es Kryptowährungen und Steuersparmodelle durch gute Vorausplanung gewesen. Außerdem Abrollkippsysteme von Lkws. Die zwei Tage im Hotel nutzte er, um sich über den Beruf »Content Creator« schlauzumachen. Er war mutig genug, neue Wege einzuschlagen, sich in eine völlig neue berufliche Richtung zu entwickeln und zusammen mit mir ein Unternehmen im Bereich Social Media zu gründen.

Im April 2023, zurück zu Hause, meldeten wir eine gemeinsame GbR an. Wir waren Eheleute und wurden nun auch Geschäftspartner. Patrick kümmerte sich hinter den Kulissen aktiv um die Zahlen, das Steuerrecht, Verträge und Bürokratie. Ich versuchte, so viel Content zu erstellen, wie es der Alltag mit Baby, Zirkustraining, Storytellingseminaren und Umzugsvorbereitungen auf unserem Hof erlaubte. Ich drehte erste Kooperationsvideos, machte meine Erfahrungen und natürlich auch Fehler. Aber wir feierten auch Erfolge und wuchsen immer weiter. Es dauerte eine Weile, bis wir uns voll und ganz mit unserem neuen Berufsbild wohlfühlten. Schritt für Schritt wuchsen wir hinein in diese neue Welt.

Heute besteht unser Team aus vielen Menschen, die hier im

Hintergrund mit anpacken. Wir könnten unsere Aufgaben schon lange nicht mehr allein stemmen und sind dankbar für die wundervollen Menschen, die ihre Expertise und Leidenschaft bei Management, Content, Buchhaltung, Videoschnitt, Sanierung, Haushalt, Landwirtschaft und Kinderbetreuung miteinbringen.

Unsere Rollen haben sich verändert. Noch während der Schwangerschaft mit Oskar war mein Plan gewesen, meine nächsten Jahre als Mutter mit Seminaren im Bereich Storytelling zu verknüpfen. So konnte ich jeden Tag bei unserem Kind sein und ein paar Mal im Monat irgendwo in einer größeren Stadt ein Seminar geben. Patrick wollte als Zimmerer arbeiten, sofern es sein Gesundheitszustand zuließ. Doch es kam anders und darüber bin ich überaus froh. Ich hege eine unendliche Bewunderung für Frauen, die sich sehr stark über ihr Muttersein definieren. Ich habe das nie geschafft. Für mich war zwar immer klar, dass ich für meine Kinder da sein würde, dass sie an allererster Stelle stehen, mag da kommen, was wolle. Trotzdem konnte ich es nie sein lassen, parallel zu arbeiten. Ich liebe es bis heute, Konzepte zu entwickeln, Geschichten zu erzählen und im beruflichen Austausch mit anderen Menschen zu stehen. Diese permanente Doppelbelastung, die nie jemand von mir gefordert hat, bringt mich natürlich ab und zu an meine Grenzen. Ich bin hin- und hergeworfen zwischen Kindern, Haushalt und Job, und wie alle arbeitenden Eltern habe ich, genauso wie Patrick, oftmals das Gefühl, den unterschiedlichen Anforderungen und Bedürfnissen nicht gerecht zu werden. Dazu kommen noch Landwirtschaft und dauerhafte Sanierungsprojekte, die unseren Alltag seit Jahren bestimmen.

Über die Jahre haben wir aber auch gelernt, nicht an starren Rollenbildern festzuhalten. Sei es in einer Beziehung zwischen Mann und Frau, als Eltern oder beruflich. In unserer Welt verschwimmen Rollenbilder immer mehr, und die größte Chance liegt darin, sich vom Fluss des Lebens mitreißen zu lassen. Weder an alten noch an neuen Bildern von der perfekten Beziehung festzuhalten. Alles, was wir tun, tun wir schlussendlich für ein einziges Ziel: so viel Lebenszeit wie möglich gemeinsam mit den uns wichtigsten Menschen zu verbringen. Der Brand unseres Tiny Hauses, Patricks Krankheit und Oskars Geburt – all das waren Situationen, die uns knallhart auf den Boden der Realität geworfen haben. Wir haben realisiert, dass auf dieser Welt alles vergänglich ist. Dass das Leben nicht selbstverständlich ist. Dass alles, was wir uns aufbauen, uns auch sehr schnell wieder entgleiten kann.

Der Spagat zwischen Wolle und WLAN, zwischen KI und Küchenhexe, zwischen Sanierung und Sauberkeit im Haushalt, zwischen digital und analog ermöglicht uns viel Freiheit, weil wir uns an nichts mehr starr festklammern. Wir erfinden unsere Rollen immer wieder neu, um uns gemeinsam weiterzuentwickeln. Wir haben uns nie darum gestritten, wer öfter saugt, abspült, kocht oder die Kinder betreut. Wir haben nie aufgerechnet, wer mehr im Büro sitzt, die Autos in Schuss hält oder sich in der Landwirtschaft verausgabt. Uns war immer klar, dass jeder sein Bestes gibt. Von früh bis spät. Egal, welche Aufgaben zu erledigen sind. Egal, welche Klischees und Rollen wir damit erfüllen oder eben auch nicht.

Patrick kann nicht mehr als Zimmerer arbeiten, ich finde aktuell keine Zeit mehr für Storytellingseminare oder Zirkustrainings. Wir haben uns völlig neu positioniert mit einem Unternehmen im digitalen Bereich, und auch wenn wir uns manchmal wünschen, einfach Feierabend zu haben, sind wir doch unendlich dankbar für den Weg, den wir zusammen erfolgreich gehen dürfen.

4
Mit Allrad geht alles – wenn man ihn findet

Wie wir auch mit kleinem Einsatz große Schritte machen

Nur zwei Wochen nachdem Patrick endlich aufrecht gehend das Krankenhaus verlassen hatte, ging es los. Wir packten seinen Baustellensprinter voll mit Werkzeug, Arbeitsklamotten, Lebensmitteln, Stoffwindeln und Schlafanzügen und richteten uns auf dem Hof von Patricks Schwester im Kinderzimmer ein. Vier Tage lang fuhren wir jeden Morgen von dort aus auf den Berg zu unserem Weiler, räumten das vermüllte Haus aus, inspizierten Öfen, Keller, Gelände und schmiedeten Pläne für alles, was nun kommen würde. Es war das erste Mal, dass wir uns richtig Zeit nehmen konnten, unseren Hof genauer unter die Lupe zu nehmen. Patrick war noch immer wackelig auf den Beinen, etwas kraftlos und hatte immer wieder Schmerzen, aber er hielt sich tapfer und seine Neugier auf dieses Haus und all seine noch zu entdeckenden Winkel war größer als seine körperlichen Beschwerden.

Es war Januar und trotz der brennenden Öfen wurde das völlig ausgekühlte Haus nicht warm. Man konnte in den vor Unrat berstenden Zimmern kaum gehen und stehen und den kleinen Oskar trugen wir die meiste Zeit über auf dem Rücken oder setzten ihn im Schneeanzug irgendwo zwischen das Gerümpel. Zum Entdecken gab es für uns alle genug. Zwar konnte Oskar noch nicht laufen, allerdings rutschte er auf seinem Po durch den alten Staub in den Zimmern und kramte allerhand Interessantes hervor. Wir fanden eine beachtliche Sammlung Christbaumschmuck, Stifte, Besteck, Teller, Tassen, Töpfe, Bilderrahmen, Baseballschläger, ein altes Jagdhorn, die Knetmaschine, die heute täglich im Einsatz ist, und jede Menge anderen brauchbaren Kram, den wir in einem der ordentlicheren Zimmer lagerten, um die Sachen später zu verwenden. Einen wirklich großen Schatz haben wir bis heute noch nicht geborgen, was aber nicht heißt, dass es ihn nicht gibt, schließlich ist die Sanierung noch längst nicht abgeschlossen. Außerdem legten wir eine Sammlung der Kuriositäten an. Diese umfasste Puppenköpfe und Arme aus altem Plastik, Rattenskelette, ein Gebiss, einzelne Kinderschuhe, einen Nietengürtel, verstaubte Götzenbilder mit leidenden Menschen und Tierschädel. Genau mein Humor.

»Dir ist schon klar, dass wir noch 'ne ganze Menge zu tun haben, bevor wir überhaupt umziehen, das Haus vermessen, Baupläne zeichnen, Anträge einreichen, in Gespräche mit dem Denkmalamt und Landwirtschaftsamt gehen oder Fördergelder oder Bauantrag stellen können?«, fragte Patrick, als wir gerade knietief im Unrat und Müll in einer Rumpelkammer neben der Küche standen und mit Gartenhandschuhen und Schaufeln bewaffnet Plastikmüll von Papier, Alteisen und Schutt trennten. Der kleine Oskar schlief in seiner Trage im Schneeanzug auf meinem Rücken und begann sofort, unzufrieden zu quäken, weil ich es gewagt hatte, meine Schaufelbewegungen für einen Moment einzustellen, um Patrick besser zuhören zu können. Also begann ich wie so oft in den letzten Monaten, mit den Knien auf und ab zu wippen. Stillstand war in dieser Phase unseres Lebens einfach nicht erlaubt.

»Ja, am besten wäre es natürlich, wenn wir den ganzen Müll schon rausgeschafft hätten, bevor wir mit unserem eigenen Kram hierherkommen!«, lachte ich. Mein Blick schweifte über die Berge an Unrat in der Rumpelkammer, über den schwarzen Ruß an den Wänden, den bröckelnden Putz und die notdürftig angenagelten Bretter vor der Fensteröffnung, die weder Wind noch Regen oder gar Einbrecher abhalten konnten.

Es war kaum vorstellbar, dieses Haus irgendwann einmal tatsächlich zu bewohnen, und gleichzeitig inspirierte mich jede Ecke zu neuen Ideen. Ich stellte mir hier ein hohes taubenblaues Bücherregal, dort eine Terrasse mit Kalksteinplatten vor. Da sah ich einen Durchgang und dort einen Küchenschrank mit handgetöpferten Tassen, die an dicken, alten Nägeln nebeneinander hingen. Eines jedoch hatte ich bei der Sanierung unseres ersten Hauses gelernt: meine Pinterest-Fantasien für mich zu behalten, und zwar so lange, bis der richtige Zeitpunkt gekommen war, sie Patrick zu präsentieren. Patrick nämlich ging völlig anders an die Sache heran. Und das war gut so. Heute würde ich sagen, ihn beschäftigt ganz einfach stets das Wie und mich das Was. Ich habe gelernt, so ziemlich jedes Wie zu akzeptieren, das Patrick sich ausdenkt, und er geht bei fast jedem Was mit, das ich fantasiere. Wir vertrauen einander inzwischen im jeweiligen Kompetenzbereich. Das haben wir uns hart erarbeitet beim Bau des Tiny Houses und bei der Sanierung unseres Mietshauses. Was hatten wir uns gezankt, weil ich Patrick zu meiner Traum-Duscharmatur überreden wollte, als er noch damit beschäftigt war zu überlegen, wie wir einen Minibagger an den Kran hängen könnten, um den Keller der hinteren Wohnung für die neu eingebauten Pufferspeicher der Heizung zu vergrößern.

Heute ist das anders. Heute ist der Plan in meinem Kopf fertig. Ebenso in Patricks. Wenn er so weit ist, sich mit den Montagemaßen der jeweiligen Bauteile zu beschäftigen, habe ich mir bereits genügend Gedanken über Raumaufteilung, Farbkonzept und Armaturentyp gemacht. Wir haben inzwischen ein gemeinsames Timing. Patrick schätzt mein Gespür für Inneneinrichtung sehr, denn auch ihm ist Ästhetik ein echtes Anliegen. Wir behaupten sogar, dass es nachhaltiger ist, wenn man viel Zeit in die Planung von Raumästhetik und Materialauswahl steckt. Das erhöht die Chancen, dass die nächste Generation nicht wieder alles umschmeißt.

»Als ich Oskar vorhin gewickelt habe, bist du ewig über die morschen Balken in der Scheune geklettert und durch den Keller gekrabbelt«, grinste ich. »Ich weiß, dass du schon wieder Pläne schmiedest. Also erzähl mir mal von dem Süppchen, das du da in deinem schmucken Köpfchen zusammenbraust.«

»Na gut«, meinte Patrick gedehnt. »Hast du denn grad die Nerven dafür?«

»Und wie! Bin ganz Ohr!«, ermunterte ich ihn.

»Also, erst mal müssen wir unser Haus im Dorf fertig sanieren und uns um Mieter kümmern. Dann habe ich ja bereits zwei große Baustellen für das Jahr als Bauleiter und Zimmerer zugesagt. Das müssen wir irgendwie durchziehen. Egal wie. Du hast außerdem die Regiearbeit für dein Zirkusensemble vereinbart. Die Shows sind ja dann im Frühsommer, kurz bevor wir hoffentlich umziehen können. Außerdem brauchst du Zeit für deine Storytelling-Seminare. Da müssen wir noch ein paar Städtetrips zu den Akademien und Festivals in ganz Deutschland machen. Ich hoffe, wir können noch viel mit dem Bulli fahren, bis der Lkw fertig ist, und eigentlich hat es ja gut geklappt, wenn ich dir Oskar in den Pausen zum Stillen bringe. Nebenbei müssen wir irgendwie den Wohnkoffer für den Lkw bauen, damit wir den Bulli noch vor dem Umzug verkaufen können. Alles, was wegkann, kommt weg vor dem Umzug. Wenn wir das alles schaffen, sollte es mit der Kohle für das erste halbe Jahr oder Jahr hier auf dem Hof erst mal passen. Dann können wir uns Zeit nehmen, alles für die Viecher einzurichten, uns einzuleben und um Jobs, Internet, Telefon, Müllabfuhr und so was zu kümmern. Bevor wir dann richtig viel Geld für die Sanierung rausschleudern, ist noch ein bisschen Zeit, weil wir erst mal planen und beantragen müssen. Ich weiß zwar noch immer nicht, wie sich alles bei uns beruflich und finanziell entwickelt, aber wir werden es hoffentlich irgendwie schaffen.«

Nach dieser Rede ohne Punkt und Komma hielt er einen Moment inne und schaute durch die schief angenagelten Bretter hinaus in den kalten Nebel. Ich nickte. Mit dem ganzen Körper. Oskar war kurz vor dem Aufwachen und wenn er nicht auf meinem Rücken schlief, war alles viel anstrengender.

Patrick holte Luft, stützte sich auf seine Schaufel, dann führte er seine Überlegungen weiter aus: »Es wird außerdem eine Weile dauern, bis ich das Fahrgestell unseres Tiny Houses abfahrbereit gemacht habe. Die Druckluftbremsen sind komplett kaputt. In der Zeit müssen wir in den Lkw ziehen, der dann hoffentlich auch fertig ist. Für den Umzug mit Schafen, Hühnern, den Maschinen aus meiner Zimmererwerkstatt und unserem Arsenal mit landwirtschaftlichem Equipment habe ich mir überlegt, eine ganze Menge Boxen aus Altholz in Palettengröße zu bauen. So zwanzig Stück ungefähr. Die können wir dann befüllen mit all unserem Kram und mit dem Teleskoplader auf Anhänger und Lkws verladen. Vor allem auch übrige Kabel, Rohre, Farbeimer und solche Sachen, die jetzt von der Sanierung des Hauses im Dorf übrig sind. Das können wir hier irgendwann alles gebrauchen, auch wenn es noch eine Weile dauern wird und ich nicht weiß, wohin mit dem ganzen Krempel.«

Ich blickte mich um in der kleinen Speisekammer, in der wir standen, während ich Patricks Masterplan lauschte. Krempel. So viel Krempel. Der Krempel hier, der nun unser Krempel war, weil wir ihn mitsamt dem Haus gekauft hatten, und dazu der Krempel auf dem Hof von Patricks Eltern, den wir in den letzten Jahren angesammelt hatten. Es war ein aufregendes Gefühl, dass unser Traum vom eigenen Hof nun endlich Realität werden würde. Dass wir schon mittendrin steckten im Neuanfang. Gleichzeitig konnte ich noch immer nicht einordnen, was all das hier für uns bedeuten würde die nächsten Jahre. Diese Flut an Dingen, um die wir uns noch kümmern mussten. Ich konnte es mit meinen eigenen Augen sehen und gleichzeitig konnte ich kein bisschen abschätzen, wie viel Lebensenergie es kosten würde, bis wir in einem ordentlich sanierten Hof mit einer gut strukturierten und aufgeräumten Scheune leben und arbeiten würden. Es war unbegreiflich. Unbegreiflich viel Krempel. Unbegreiflich viel Bürokratie. Unbegreiflich viel Muskelkraft und Gehirnschmalz waren noch nötig. Unbegreiflich viel Geld, das noch in dieses Projekt fließen würde, bis wir eines Tages »fertig« wären. Aber es half nichts. Hier standen wir mit einer Schaufel in der Hand, machten die ersten Handgriffe und vor allem legten wir die Schritte und Prioritäten fest. Das fühlte sich gut und richtig an.

»Ja, und außerdem so Zeug wie das Sauerkrautfass, Einmachgläser, die beiden Regale voll eingekochter Tomatensauce und Bohnen, Anzuchttöpfe, Hacken, Schaufeln, Besen, Tiefkühlschränke, Hühnerfutter. Oh Mann. Es ist so viel Kram!«, rief ich.

»Jap. Das hat mich vorhin in der Scheune auch die ganze Zeit beschäftigt«, erwiderte Patrick mit einem Anflug von Verzweiflung in der Stimme. Doch gleich darauf hatte er sich schon wieder gefangen: »Wir müssen gut planen, wo wir all die Sachen lagern können, um sie einerseits direkt für unsere kleine Landwirtschaft nutzen und andererseits die einsturzgefährdete Scheune sanieren zu können. Außerdem müssen die Tiere irgendwohin. In die kaputte Scheune können sie nicht. Das wäre kriminell. Außerdem brauchen wir den Platz dort, um die alten Balken für die Statik wieder in Ordnung zu bringen. Ich glaube, wir hangeln uns die nächsten Jahre erst mal von einem Provisorium zum nächsten!«

»Wir sind so bekloppt«, entfuhr es mir unvermittelt.

»Ja. Das sind wir wohl«, meinte Patrick mit einem schelmischen Lachen, das mich wie immer sofort ansteckte.

»Also heißt das, es macht gerade Sinn, hier herumzuschaufeln? Oder müssten wir eigentlich an einer ganz anderen Baustelle anfangen?«, lachte ich. Ohne Patrick wäre ich so verloren mit dieser Baustellenplanung. Er hingegen war sozusagen olympischer Meister im Durchdenken von komplexen Kausalitäten, die sich alle gegenseitig bedingten und dennoch nacheinander angegangen werden mussten.

»Auf jeden Fall«, sagte Patrick. »Jetzt sind wir hier, und ich würde sagen, in diesen Tagen geht es vor allem darum, den Masterplan zu schmieden und wenn eben noch Luft ist, schon mal ein bisschen anzupacken. Ich marschiere jetzt noch mal durchs Haus und denke ein bisschen herum, wenn das für dich passt? Oskar ist ja sowieso gleich wach und du stillst ihn bestimmt. Dann machen wir doch gleich mal eine kleine Pause und später schaufeln wir weiter.«

»Klingt super!«, sagte ich, stellte mein Gewippe endlich ein, beugte mich nach vorn, öffnete die Schnallen der Trage und zog den kleinen Oskar vorsichtig herunter. Doch es half nichts. Er schrie sofort wieder wie am Spieß. Eilig suchte ich mir ein einigermaßen staubfreies Plätzchen, um den kleinen Menschen zu stillen. In der Stube wurde ich fündig. Ich setzte mich auf die Kachelofenbank, die durch das Feuer im Küchenofen ein wenig Wärme abstrahlte. Das Haus war so fremd, und gleichzeitig wusste ich tief in mir, dass es unser Zuhause werden konnte, wenn wir es wirklich von ganzem Herzen und mit all unserer Kraft wollten.

Nach vier Tagen Kälte, Staub, uraltem Dreck und Müll und tausend Gedanken im Kopf fuhren wir zurück auf den Hof von Patricks Eltern. Wir hatten trotz der Kälte einiges geschafft in dem alten Haus. Vor allem in der Planung für die nächsten Monate und Jahre waren wir vorangekommen. Ausgiebige, lange Autofahrten (und gemeinsame Essenszeiten) sind für uns beide bis heute ein wichtiger Bestandteil unseres Lebens. Wir besprechen und organisieren in dieser Zeit alles. Wir lieben es, stundenlang nebeneinander im Auto zu sitzen und Pläne zu schmieden. Viele Gespräche und ein gemeinsamer Strang, an dem man ziehen kann, sind wichtige Grundpfeiler für das, was wir uns mit dem alten Hof vorgenommen haben.

»Ich glaube, wir kaufen einen Wohnwagen«, sagte Patrick, als wir die ersten Kilometer hinter uns gebracht hatten und unser Sohn im Maxi-Cosi eingeschlafen war.

»Echt jetzt?«, fragte ich ungläubig. »Und den hängen wir dann an den Lkw?«

»Nein, wir stellen ihn obendrauf!«

Ich lachte herzlich. Doch als ich meinem Mann ins Gesicht blickte, verstummte ich. Er meinte es ernst.

»Wie jetzt? Das sieht ja furchtbar aus!«, rief ich fassungslos.

»Ist doch egal. Wir brauchen eine Wohnbox für den Lkw, und zwar vor dem Umzug. Außerdem will ich die nächsten Jahre mit einem Wohnmobil unterwegs sein. Das ist viel praktischer als mit Wohnwagen hintendran. Da kann man nirgendwo einfach mal stehen bleiben.«

»Und wie stellst du dir das vor?«

»Wir suchen auf Kleinanzeigen einen alten Wohnwagen. Der braucht ja keinen TÜV oder so. Dann bestelle ich einen übergroßen Abrollrahmen, wir flexen die Achsen weg und schweißen ihn auf den Rahmen.«

Ich schluckte. Einerseits fand ich die Idee genial. Andererseits empfand ich schon bei der Vorstellung dieser Konstruktion eine gewisse Scham. Wie würde das denn aussehen? Ein alter, gammeliger Wohnwagen auf dem Lkw?

»Also, ich glaub, das sieht gar nicht so schlecht aus. Und wir wären superschnell fertig damit. Du weißt, wie lange wir für den Innenausbau vom Tiny House gebraucht haben. Das schaffen wir nicht auch noch. In einem Wohnwagen ist alles schon fertig. Wir brauchen dann auch noch zwei Baumulden. Also Pritschen mit Bordwänden. Die bauen wir am besten aus alten Traktoranhängern. Auch auf Abrollrahmen. Dann können wir den ganzen Müll vom Haus in den Mulden sortieren und zum Schrott fahren. Außerdem kann ich die beiden Baustellen im Sommer so viel besser machen.«

Ich überlegte eine Weile. »Aber nur, wenn wir den Wohnwagen cool anmalen!«, sagte ich dann lachend und konnte mal wieder nicht glauben, dass wir so etwas wirklich tun würden. Aber wir würden. Dafür kannte ich uns gut genug.

Noch am selben Abend fand ich im Netz einen alten Wohnwagen ohne TÜV mit den perfekten Maßen für den Lkw und einem Innenausbau, der meiner Skizze für den selbst gebauten Wohnkoffer recht ähnlich sah. Die Sinti-Familie, die den Wagen verkaufte, hatte schon am nächsten Tag Zeit. Wir fuhren hin mit unserem großen, dreiachsigen Autoanhänger, den Patrick einige Monate zuvor gekauft hatte, um seinen Teleskoplader auf Baustellen transportieren zu können. Der Wohnwagen war von innen wie von außen wunderbar grässlich-hässlich. Lila Polster mit grauen Blitzen, uralte graue Vorhänge, Linoleumboden und gräuliche Schranktüren. Ansonsten aber stimmte alles. Für 900 Euro nahmen wir das gute Stück auf dem großen Anhänger mit. Zu Hause auf dem Hof von Patricks Eltern luden wir ihn ab und parkten ihn neben unserem Tiny House. Den Wohnwagen hatten wir. Mal wieder war es schnell gegangen. Sehr schnell. Nun kümmerten wir uns um die Baumulden.

Im Frühsommer gab ich ein Seminar auf einem Festival in Leipzig. Wir fuhren Hunderte Kilometer in unserem alten Mercedesbus, in dem noch immer jener Motor steckte, den Patrick mit seinem Kumpel Christoph aus drei Motoren zusammengebaut hatte, bevor wir durch Portugal gereist waren. Hinter dem Oldtimer hing mal wieder der riesige Autoanhänger und auf dem Rückweg thronte darauf ein tonnenschweres DDR-Traktor-Fahrgestell. An den Kassler Bergen wären wir beinahe gescheitert. Selten habe ich Patrick so schwitzen sehen. Im Schneckentempo ging es auf der Autobahn aufwärts, der Motor röhrte wie eine Herde wild gewordener Hirsche. Aber er schaffte es und wir hatten mit dem Leipziger Traktoranhänger die Grundlage für den Bau einer Lkw-Mulde ergattert, mit der wir den Hof entmüllen, Baustellen schrubben und Landwirtschaft betreiben könnten.

Nebenher nähte ich den ganzen Sommer über neue Bezüge und Vorhänge für die Polster im Wohnwagen. Außerdem strich ich alle Möbel mit der restlichen weißen Farbe von unserem Sanierungshaus im Nachbarort frisch an. Oskar hatte ich immer dabei und wer schon einmal mit Baby gestrichen oder genäht hat, kann sich vorstellen, wie herausfordernd solche langwierigen Arbeiten bisweilen sein können. Wir verlegten einen Holzboden im Wohnwagen, Patrick verbaute einen neuen Kühlschrank und machte die Elektrik wieder flott. Vor allem aber hängte er den Wohnkoffer in der kleinen Autowerkstatt auf dem Hof seiner Familie auf und verbrachte einige Tage damit, die Achsen auf einen Abrollrahmen aus Metall zu bauen.

Pünktlich zur Zirkusaufführung im Mai, bei der ich Regie führte, wurde der Wohnkoffer fertig. Und so verbrachten wir die erste Nacht in unserem neuen Reisemobil auf dem Zirkusplatz, während nebenan das Varieté-Ensemble seine Show darbot. Keine bessere Einweihungsfahrt hätte es geben können! Von innen sah der Wohnwagen mit den hellen Möbeln, den Vorhängen, dem Holzboden, einem Gewürzregal in der Küche und hübschen Decken und Kissen nun freundlich und gemütlich aus. Und er fühlte sich genauso an.

Einige Tage nach den Zirkusshows nahmen Patrick und ich all unseren Mut zusammen, schnappten uns zwei Farbroller und strichen den Wohnwagen von außen mit schwarzmattem Lack an. »Was ist das?«, fragte Patricks Bruder lachend, als er uns besuchte und den schwarzen Wohnwagen ohne Räder auf der Wiese neben der Deichsel des Tiny Houses stehen sah.

»Unser Campingmobil!«, grinste ich.

»Du meinst wohl eher Batmobil!«, kicherte er.

»Sehr witzig«, erwiderte ich etwas beleidigt.

»Nee, aber mal im Ernst … In Schwarz?«, Patricks Bruder zog die Brauen hoch.

»Ja, so wie ein Foodtruck für Kaffee, dachte ich. Außerdem passt schwarz am besten zum Lkw. Die ganze Konstruktion mit dem Abrollarm ist ja auch schwarz! Ich glaube, das sieht supercool aus, wenn es fertig ist«, sagte ich.

»Ah ja«, sagte Patricks Bruder ein wenig irritiert. Aber er hatte zu dem Zeitpunkt schon aufgegeben, unsere Projekte zu hinterfragen. Stattdessen fragte er hilfsbereit: »Was fehlt denn noch?«

»Die Holzrahmen um die Fenster! Da wollten wir einen guten Schreiner engagieren«, zwinkerte ich.

»Och nö! So eine Sch…arbeit! Die muss man ankleben. Das hält sonst nicht. Aber ich mach's. Dein Mann rennt bei solchen Popelarbeiten ja sowieso schreiend davon, wenn er das alleine machen muss. Ich kann euch schon helfen. Glaube auch, dass das cool aussieht«, sagte er, nun schon ein wenig überzeugter.

»So cool! Danke!«

»Ja, Paddi hatte sowieso schon gefragt, ob ich ihm unter die Arme greifen kann. Eine Dachterrasse aus Holz bauen wir auch noch. Dann wird das echt ein schickes Fahrzeug!«

»Oh, ich glaube auch. Hat schon so viel Spaß gemacht, damit unterwegs zu sein«, meinte ich.

Patricks Bruder startete einen letzten Versuch: »Aber wird der Wagen nicht ultraheiß so ganz in Schwarz?«

»Ich hab's gegoogelt. Das ist ein Mythos. Bei schwarzen Autos gibt es keinen messbaren Temperaturunterschied im Innenraum. Berberzelte in der Wüste sind auch schwarz, weil die Farbe sogar UV-beständiger ist als helle Farben«, erwiderte ich im Brustton der Überzeugung.

Und so war es dann auch. Den ganzen Sommer über bastelten Patrick, sein Bruder und ich an dem Lkw und seinen vielfältigen Funktionen und Features.

Schlussendlich sieht der Lkw heute aus wie eine Mischung aus DIY-Projekt, Foodtruck und Expeditionsmobil. Wir waren in weniger als zwei Monaten fertig mit allem und sehr stolz darauf, mit geringen Mitteln und sehr wenig Geld ein wirklich besonderes Wohnmobil geschaffen zu haben.

Neben dem Wohnwagenumbau baute Patrick zwei Mulden, um den Lkw für Baustellen, Hof und Umzug nutzen zu können. Er flexte den alten DDR-Traktoranhänger auseinander, verkaufte das nackte Fahrgestell, entkernte die Mulde, entrostete alles und verbaute neue Dielen auf Boden und Bordwänden. Die Mulde strichen wir weiß. Heute nennen wir sie gerne »Sonntagsmulde«, weil sie so wunderbar hübsch ausschaut. Außerdem baute Patrick eine zweite »Dreckmulde« aus einem weiteren Traktorfahrgestell, die eigentlich ebenfalls sehr vorzeigbar ist, aber eher für Bauschutt und Schrott herhalten soll.

Im April 2023 kauften wir außerdem einen eigenen kleinen Traktor für 5000 Euro und genossen unsere erste Fahrt mit der selbst gebauten Sonntagsmulde und dem Traktor obenauf zu unserem schon weniger vermüllten Hof. In den folgenden Monaten nahmen wir immer wieder Equipment mit, um den großen Umzug im Juli etwas zu entzerren. Jedes Mal schleppten wir säckeweise sortierten Müll aus dem Haus.

In dem Sommer standen nicht nur die Sterne gut für uns, sogar die Sonne lachte auf uns herab. Im April war ich mit unserer Tochter Jolanda schwanger geworden. Patricks Gesundheitszustand blieb trotz der beiden Großbaustellen, die er hauptverantwortlich leitete, stabil. Wir vermieteten endlich unser Haus und schafften es, in allen Bereichen des Lebens mit wenigen Mitteln voranzukommen. Wir hatten außerdem eine ansehnliche Truppe aus Freunden und Familie zusammengetrommelt, die uns half, den Hof noch weiter zu entmüllen. Nach zehn Tagen mit zehn Menschen war das Haus fast leer. Tonnenweise Material hatten wir mit Lkw und Riesenanhänger weggefahren. Wir kochten auf der Küchenhexe in der urigen Küche des Hauses jeden Tag Eintopf, Reis, riesige Pfannen mit Käsespätzle und was uns sonst noch einfiel, um alle bei Laune zu halten. Oskar lernte in dieser Zeit laufen, und auch wenn es eine anstrengende, harte Zeit war, so hatten wir es gut, denn jeder brachte sich ein und bot Unterstützung an.

Dann stand der Umzug vor der Tür. Und Patrick machte mal wieder aus Mist Gold. Er suchte so viel Altholz zusammen, wie er in seinem Vorratslager finden konnte, und baute zwölf riesige Holzkisten auf Paletten. Tagelang packten wir unseren Krempel in Kartons und Säcke und verluden alles auf diverse Hänger und Lkws. Die letzten Wochen vor dem Umzug waren wir ins »Batmobil« gezogen, das Patrick hinter dem Hof abgerollt hatte. Im Tiny House hatten wir alles abgebaut und auf dem Boden festgezurrt und nun stand es auf einem Nachbarhof, wo mehr Platz war. Das Tiny House bekam ein paar umfängliche Upgrades, um die hundert Kilometer Kurven auf und ab durch den Schwarzwald zu überstehen. Kurz vor dem Termin, dem alle entgegenfieberten, war es noch einmal sehr abenteuerlich geworden, als der alte Nussbaum auf dem Hof von Patricks Eltern bei einem Sturm auseinanderbrach und zur Hälfte auf unseren Wohnkoffer fiel, in dem ich gerade mit Oskar allein war. Einen halben Meter weiter rechts und der ganze Wohnkoffer wäre Matsch gewesen. Oskar und ich inklusive. In diesem Moment hätten wir Batman am Batmobil tatsächlich gut gebrauchen können. Zum Glück hatten wir Patrick, der uns rettete. Im Leben ist es einfach so: Mal hat man Glück, mal hat man Pech. Und niemand weiß, warum. Dieses Mal blieb es lediglich bei ein paar Beulen am Wohnwagen und ein paar Schrammen an Patricks Armen, als er seine Frau und seinen Sohn mit der Motorsäge aus dem Nussbaumschloss befreite wie Dornröschen.

Dann war der große Tag gekommen. Auf der Wiese unseres Nachbarn hatten wir schon einige Tage zuvor mit den Umzugsvorbereitungen begonnen. Da stand nun unser Lkw mit dem aufgeladenen Wohnkoffer und Anhänger. Das abfahrbereite Tiny House hing am großen Traktor des Nachbarn, den wir uns für die Überfahrt ausleihen durften. Der Baustellensprinter mit riesigem

Hänger, der 20-Tonnen-Lkw von unserem Kumpel, zwei Pick-ups mit Hängern von Freunden, das Wohnmobil meiner Mutter, Helferinnen und Helfer, Familienmitglieder und Bekannte, die sich verabschiedeten oder uns beim Umzug halfen – alles stand bereit. Seit dem Frühsommer hatten wir außerdem regelmäßig Besuch vom Fernsehteam des öffentlich-rechtlichen Rundfunks, das ein 45-minütiges Porträt über mein Leben drehen wollte. Eigentlich sollte der Film von meinen abenteuerlichen Reisen allein durch die Welt, meiner Arbeit als Zirkustrainerin und Regisseurin und meinen Seminaren im Bereich Storytelling handeln. Schlussendlich kam jedoch ein »Influencer vom Dorf«-Format dabei heraus, denn für das Filmteam war vor allem unser Umzug auf den eigenen Hof und unser wachsender Account von Interesse. Für uns war das im Nachhinein ein großes Geschenk, denn so haben wir bis heute spannende Bilder vom Umzug. Am Tag des Umzugs stand nun also auch das Fernsehteam bereit, um mit Drohnen, Kameras und Mikrofonen alles zu dokumentieren. Und es wartete nicht umsonst. Kurz vor der Ankunft auf dem Hof sollte es nämlich noch einmal spannend werden …

Doch zunächst setzte sich die Karawane endlich in Bewegung. Patrick und ich fuhren mit Traktor und Tiny House. Oskar fuhr bei meiner Mutter im Wohnmobil mit, die sich spontan dazu entschlossen hatte, mit uns zu kommen. Wir waren darüber sehr glücklich, denn wir würden viel Unterstützung bei Tieren und Kindern brauchen. Sie sollte die erste Zeit in ihrem Wohnmobil wohnen, bis wir eine neue Lösung gefunden hätten. Unterwegs mussten wir mit dem Traktor immer wieder anhalten, uns mit dem Filmteam absprechen, die Bremsen kontrollieren oder andere Autos an uns vorbeilassen. Der Rest unserer Umzugskarawane war längst vorausgefahren, denn mit dem Traktor schafften wir nur 30 Kilometer pro Stunde.

Die Tage zuvor hatte Patrick alles darangesetzt, das alte Bremssystem des Tiny-House-Fahrgestells wieder in Schuss zu bringen. Aus unerfindlichen Gründen jedoch gab es immer wieder Ärger mit der Technik. Hinzu kam, dass Patrick den großen Traktor des Nachbarn noch nie zuvor gefahren war. Einige Male hingen wir irgendwo mitten im Schwarzwald an einer Kreuzung fest, weil die Druckluftbremsen dichtmachten und sich nur mit viel Zeit und Ruhe wieder lockerten. Diese Zeit und Ruhe findet man allerdings kaum, wenn man mit einem so riesigen Geschoss auf öffentlichen Straßen unterwegs ist.

Als wir den Hof schon fast erreicht hatten, war dann die komplette Straße wegen Bauarbeiten gesperrt. Also mussten wir außenrum. Von hinten über den steilen Berg. Der Rest unserer Truppe war längst angekommen, hatte wahrscheinlich auch schon abgeladen und mit ziemlich großer Sicherheit das erste Bier aufgemacht. Nur das Kamerateam begleitete uns noch.

Ein paar Hundert Meter vor dem Ziel war Schluss. Schluss mit lustig. Schluss mit den Nerven. Am steilsten aller Berge hatte der große Traktor den Geist aufgegeben, als Patrick in den kleinsten Gang schalten wollte. Der Motor lief. Das Tiny House hing noch, aber die riesigen Räder des Traktors drehten durch. In Patricks Kopf lief nur ein Szenario ab: Die alte Druckluftbremse des Fahrgestells würde den Geist aufgeben und das ganze Tiny House würde samt dem teuren Traktor, den wir geliehen hatten, rückwärts den steilen Berg hinabrauschen. Für das Fernsehteam war unsere missliche Lage natürlich das Highlight in der Spannungskurve des Films. In aller Seelenruhe packten sie ihre Drohne aus, interviewten uns zu der brenzligen Lage und bekamen genau das, was sie wollten: jede Menge Emotionen. Bis heute treffen wir LandwirtInnen aus ganz Deutschland, die sich die amüsante Szene später ganz gemütlich von der Couch aus angesehen haben

TIERISCHE HOFBEWOHNER

Oben links: **Die Dexter Rinder** • Oben rechts: **Der Kater Pandabär**
Unten rechts: **Die Schafe im Stall** • Unten links: **Einstein, Kopernikus und die Hühner**

SELBSTVERSORGUNG

Oben links: **Der Selbstversorgerkeller** • Oben rechts: **Selbstversorgung auf engstem Raum im Zirkuswagen** • Unten links: **Spinnen mit eigener Wolle** • Unten rechts: **Der Garten am Hof**

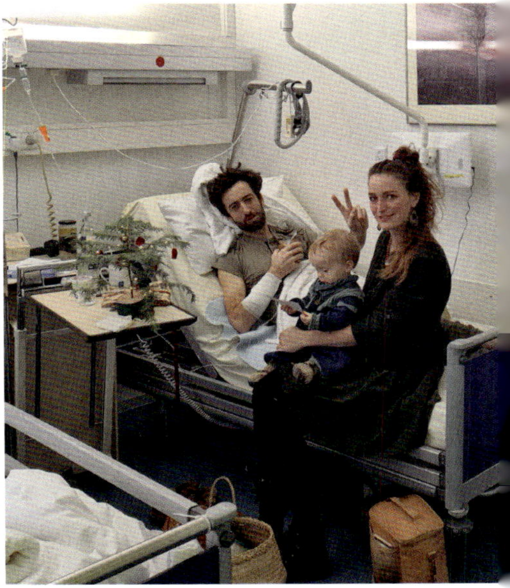

DAS LEBEN VOR DEM UMZUG

Oben links: **Regisseurin und Trainerin im Zirkus** • Oben rechts: **Das Weihnachtsfoto** • Unten links: **Reisen und Arbeiten im DIY-Wohnmobil** Unten rechts: **Familienfoto kurz vor dem Umzug auf den eigenen Hof**

DIE SCHEUNE

Oben links: **Die 500 Jahre alte Scheune im Umbau** • Oben rechts: **Südansicht Scheune vor der Sanierung** • Unten links: **Westansicht nach der Sanierung** Unten rechts: **Das offene Scheunendach wird mit selbgeschlagenem Holz sanie**

DER HOF BEIM KAUF

Oben links: **Zimmer im Obergeschoss** • Oben rechts: **Zimmer mit Möbeln im Untergeschoss (aktuell das provisorische Schlafzimmer mit Zelt)** • Unten links: **Das zweite Obergeschoss** • Unten rechts: **Das Wohnhaus über den Hinterhof**

PROVISORISCH WOHNEN

Oben links: **Die Küchenhexe als Lebensmittelpunkt** • Oben rechts: **Das Küchenfenster mit Schüttstein** • Unten links: **Zelten im Schlafzimmer (ausgeräumt, den schwarzen Putz entfernt, Zelt aufgebaut)**
Unten rechts: **Büro-Ecke im Schlafzimmer**

und sich dabei nur eine einzige Frage stellten: »Patrick, warum hast du den Allradantrieb nicht angemacht?« Herrje, wie sie die Hände über dem Kopf zusammengeschlagen und fassungslos auf ihre Bildschirme gestarrt haben müssen. Wir aber wussten nichts vom Allradgang. Für einen kurzen Moment wussten wir gar nichts mehr. Wir kannten den Traktor nicht und unsere Absturzangst in Kombination mit der Anwesenheit des Fernsehteams führte wohl dazu, dass wir vor lauter Druck nicht mehr imstande waren, klare Gedanken zu fassen. Würde der Motor des Traktors ausgehen, wäre es mit der Druckluft dahin und die Fahrt würde unkontrolliert rückwärts weitergehen. In unseren Köpfen drehte sich alles um die maroden Bremsen. Anfangs konnte Patrick nicht aussteigen, weil er den Fuß nicht von der Bremse nehmen durfte. Ich kletterte mit zitternden Knien vom Traktor und zog die Handbremse des Fahrgestells, so fest ich konnte. Das gab schon mal ein gutes Gefühl, denn die Handbremse des Traktors allein würde nicht alles halten können. Wenigstens konnte Patrick jetzt aber aussteigen und sich den Schlamassel aus der Seitenperspektive zu Gemüte führen.

Während wir da so in der Klemme waren, tauchte plötzlich ein Sprinter auf, der die schmale Straße von oben hinunterfahren wollte. Ein Paketbote, der gerade im kleinen Weiler eine Expresslieferung abgegeben hatte. Links und rechts neben dem steilen Feldweg, den wir komplett blockierten, war Wiese. Er hätte mit seinem Sprinter ohne Probleme an uns vorbeirollen können. Aber er wollte nicht. Traute sich nicht. Auch Patricks Angebot, ihm den Sprinter durch die Wiese nach unten zu fahren, nahm er nicht an. Stattdessen blieb er eine geschlagene halbe Stunde in seinem Sprinter sitzen und hupte. Er hupte. Und hupte. Es war zum Mäusemelken.

Als Nächstes stieß ein grauer Ford von unten hinzu. Darin saß ein älterer Herr, der freundlich das Fenster herunterkurbelte. Ich bat ihn um Verständnis dafür, dass wir hier die Straße blockierten, und versicherte, dass wir an einer Lösung arbeiteten, aber noch keine in Aussicht war. Es stellte sich heraus, dass der Mann, der sich von unserer misslichen Lage kaum aus der Ruhe bringen ließ, einer unserer zukünftigen Nachbarn war und einen Traktor mit Seilwinde besaß. Allerdings würde er die Wiese bergauf nicht an uns vorbeikommen, um den Traktor aus seiner Scheune zu holen. Er ließ seinen Wagen rückwärts den Weg zurückrollen und wollte versuchen, einen anderen Weg durch den Wald zu seinem Hof zu finden, um uns zu helfen.

Nach einer gefühlten Ewigkeit schien sich der hupende Sprinterfahrer ebenfalls dazu entschieden zu haben, sein Schicksal selbst in die Hand zu nehmen, und rollte völlig ohne Probleme an uns vorbei. Endlich war ein bisschen mehr Ruhe eingekehrt. Das nächste Auto war wieder ein Sprinter. Es kam von unten. Wieder ein Postbote. Allerdings so entspannt, als sei er frisch aus dem Wellnessurlaub zurück. Auch er kam die Wiese bergauf nicht an uns vorbei. So luden wir seine Pakete kurzerhand ins Tiny House, denn wir waren noch voller Hoffnung, dass wir selbst demnächst mit unserem riesigen Geschoss dort oben in dem kleinen Weiler ankommen würden.

Endlich hörten wir das Tuckern eines Traktors. Unser neuer Nachbar hatte sein Wort gehalten. Er stellte seinen Traktor etwas oberhalb von unserem gestrandeten Tiny House auf der Wiese ab und rammte das Schild der Seilwinde in den Untergrund. Inzwischen war auch Patricks Schwager gekommen und half. Er öffnete die Bremse des Tiny-House-Fahrgestells, Patrick saß am Steuer und gab gleichzeitig Gas. Die Seilwinde zog. Es funktionierte. Wir schafften es. Und endlich waren wir da. Zu Hause.

Heute bin ich mir sicher, dass wir das Abenteuer mit dem Umzug auf unseren eigenen Hof nur geschafft haben, weil wir mit der nötigen Portion Pragmatismus an die Sache herangegangen sind. Zwischen Selbstständigkeit, Sanierung, Wohnwagenumbau, Umzug, Landwirtschaft, Selbstversorgung und Kindern gilt es, die Dinge mit Mut und Gelassenheit, aber ohne den Anspruch an Perfektion anzugehen.

Es gibt ein Prinzip, nach dem Patrick und ich in sehr vielen Bereichen unseres Lebens handeln. Lange Zeit wussten wir nichts davon. Als Patrick jedoch zum ersten Mal in einem Wirtschaftsnewsletter über das sogenannte Pareto-Prinzip las, wussten wir: Das sind wir. Wir leben danach. Meistens ist uns das gar nicht bewusst. Aber es passt. Das Prinzip besagt, dass man mit etwa 20 Prozent Aufwand schon 80 Prozent des gewünschten Ergebnisses erreichen kann. Um allerdings bei 100 Prozent zu landen, sind noch einmal 80 Prozent des Aufwands nötig. So macht man in der Berufswelt zum Beispiel meistens mit 20 Prozent der Kunden schon 80 Prozent des angepeilten Umsatzes. In der Selbstversorgung haben wir Ähnliches festgestellt. Wir können mit 20 Prozent Aufwand schon 80 Prozent unserer Lebensmittel herstellen, nämlich Obst und Gemüse. Wollen wir allerdings dann auch noch unser Getreide, die Haferflocken, Salz, Käse und Butter selbst machen, müssen wir einen riesigen Aufwand betreiben. Bei uns geht all das auch in Phasen. In manchen Jahren haben wir Zeit, ein Schaf zu melken, Frischkäse zu machen oder mit Heilkräutern zu experimentieren. Dann wieder reichen die Kapazitäten gerade einmal für ein bisschen Eingekochtes im Keller. Dennoch klammern wir uns an nichts fest, geben stets unser Bestes und halten diesen Einsatz dann aber einfach für gut genug.

Auch unseren Umzug auf den Hof haben wir, wenn ich es im Nachhinein betrachte, nach diesem Prinzip gestaltet. Wir haben nicht den perfekten Wohnkoffer für den Lkw gebaut, sondern einen alten Wohnwagen umgerüstet und sind bis heute damit zufrieden. Er ist alles andere als perfekt, aber er hat uns schon so vieles ermöglicht. Den alten Hof haben wir zu 80 Prozent entrümpelt vor dem Umzug. Den Rest machen wir jetzt nach und nach. Wir haben keine schicken Umzugskisten gepackt, sondern alles in große Boxen geworfen, um es dann an Ort und Stelle nach und nach neu zu sortieren. Wir haben unser Bestes gegeben, um das Tiny House fahrtauglich zu machen, haben uns von Nachbarn erklären lassen, wie der große Traktor zu bedienen ist. Dann sind wir einfach losgefahren und haben unterwegs dazugelernt. Ständig legen wir los, ohne wirklich zu wissen, was wir da tun. Meistens aber kommen wir irgendwie an und erleben auf dem Weg dorthin das ein oder andere Abenteuer. Heute glaube ich, dass wir ohnehin durch praktische Erfahrung am besten lernen, und Erfahrung können wir nur sammeln, wenn wir einfach loslegen, obwohl wir nicht zu 100 Prozent vorbereitet sind. Das Pareto-Prinzip verstehe ich nicht als starre Rechnung, sondern einfach als Idee davon, warum es sich lohnt, einfach mal zu machen.

Unser Erfolg auf Social Media ist womöglich ebenso auf dem Pareto-Mist gewachsen. Die sozialen Medien verlangen zwar eine halbwegs gute Ton- und Kameraqualität, mehr noch als Perfektionismus aber verlangen sie Authentizität und Verlässlichkeit. Ich konnte kaum mit einem Smartphone umgehen, hatte keinerlei Erfahrung im Bereich Marketing und kein Set-up. Weder Licht noch Mikrofon oder Stativ. Eine Drohne hat bis heute noch nicht Einzug gehalten. Als ich anfing, regelmäßig Content zu erstellen, wusste ich, wie man den Auslöser der Kamera bedient und hatte einfach Spaß daran, Geschichten zu erzählen. Beim Umzug hatten wir virtuell mehr als siebzigtausend Menschen dabei und ich hatte das Gefühl, noch immer nicht zu wissen, wie das eigentlich alles funktioniert. Man wächst mit seinen Aufgaben. Bei allem was wir tun, ist Ausdauer und Kontinuität wichtiger als Perfektionismus.

Ich glaube, dass nicht das Streben nach dem perfekten Leben glücklich macht, sondern die Fähigkeit, mit Unperfektem glücklich zu sein, während wir jeden Tag unseren Visionen zuarbeiten, als seien wir schon dort. Es geht darum, auch mal fünfe gerade sein zu lassen und sich auf Wesentliches zu konzentrieren, und das versuchen wir jeden Tag. Im wilden, bunten Familienalltag mit vollgekleckertem Küchenfußboden und fleckigen Klamotten. Ebenso im Hofalltag mit Tieren, Maschinen, Heu und Bürokratie. Das Wichtigste bleibt die Liebe. Und die Liebe ist das Einzige, wofür es sich lohnt, 120 Prozent zu geben. Jeden Tag.

5
Was auf den Tisch kommt, wird gegessen

Wie wir unsere vorhandenen Ressourcen nutzen

Wir waren sozusagen über den Berg. Mal wieder. Alles stand wieder auf Anfang und egal wie surreal das hier noch schien, wir waren zu Hause. Wir würden nirgendwo anders mehr hingehen, um anzukommen. Hier war von nun an unser Platz. Ob wir es bereits fühlten oder nicht.

Das Tiny House stellten wir auf dem Hinterhof ab und richteten es in den nächsten Tagen ein. Für die lange Fahrt hatten wir alle Möbel auseinandergenommen und unser Hab und Gut auf dem Boden gelagert. Nichts war zu Bruch gegangen und unser kleines Zuhause auf Rädern war schnell wieder wohnlich, sodass wir schon bald aus dem Batmobil ausziehen konnten, zurück in unseren knappen zwanzig Quadratmeter Zirkuswagen. Wir rechneten damit, noch etwa zwei oder drei Jahre dort zu leben. Ab Winter sogar zu viert mit Hund. Schneller würden wir es definitiv nicht schaffen, das Haus bewohnbar zu machen. Im Tiny House war es uns zwar eigentlich schon lange zu eng, aber wir hatten mit Küche, kleiner Dusche, Trockentrenntoilette, Bett, Ofen und Schreibtisch alles, was wir zum Wohnen brauchten. Es war warm und trocken und, wenn wir uns Mühe gaben, auch einigermaßen sauber. Außerdem schenkte uns die vertraute Umgebung des Zirkuswagens auch hier draußen in der Fremde etwas Vertrautheit.

Wir bekamen viel Unterstützung von Familie, Freunden und Bekannten. So war auf dem Hof von Anfang an immer etwas los, in jeder Ecke wuselte jemand herum, richtete ein, reparierte, improvisierte. Unser aller Fokus war darauf gerichtet, einfach zu tun, was zu tun war. Im Hier und Jetzt. Und das war genau richtig.

Oberste Priorität hatten dabei die Tiere. Um gute acht Hektar Land zu pflegen und vor der weiteren Verbuschung zu bewahren, stockten wir unsere kleine Schafherde auf 17 Tiere auf. Außerdem zogen zwei Ziegenböcke ein. Einstein und Kopernikus. Einstein hatte seinen Namen zuerst bekommen, denn bei der Kastration war ein Hodensack heimlich nach oben gerutscht und so hatte er nur noch »einen Stein«. Kopernikus, sein Bruder, verdankt seinen Namen einer Community-Umfrage auf Instagram. »Keinstein«, »Weinstein« oder Sokrates waren ebenfalls hoch im Kurs gewesen. Sie sollten als Bodyguards für unsere Hühner arbeiten und das Federvieh vor Habicht, Fuchs und Marder beschützen. So weit draußen in der Wildnis ist es gar nicht so einfach, schutzlose Tiere wie Hühner frei herumlaufen zu lassen. Aber Einstein und Kopernikus gaben von Anfang an ihr Bestes. Sie wohnten von nun an auf der Hühnerweide und arrangierten sich prächtig mit dem Federvieh. Ziegen, vor allem Böcke, sind verglichen mit Schafen um einiges »lebhafter« und schlauer. Nicht selten riefen die Nachbarn an, weil die beiden Herren sich in ihren Vorgärten über die Rosen hermachten. Wir wissen nicht wie, aber sie schafften es immer wieder, die stromführenden Netze zu überqueren. Ziegen sind wahnsinnig erfinderisch und haben zudem 24 Stunden am Tag Zeit, sich irgendwelchen Schabernack auszudenken, wohingegen wir nicht mehr als eine halbe Stunde am Tag aufbringen konnten, um uns um die gehörnten Genossen zu kümmern.

Trotzdem waren wir froh, die beiden zu haben, und die Nachbarn fanden zwangsläufig ebenfalls Gefallen daran, sie von Zeit zu Zeit durch den kleinen Weiler zurück bis vor unsere Haustür zu treiben. Manches Mal klingelte es an der Tür und Einstein und Kopernikus standen in Begleitung irgendeiner Nachbarin da, die sie mit Brotstücken hinter sich hergelockt hatte. Zum Glück waren die beiden so verfressen.

Zwei Wochen nach dem Umzug stand die Vorhersage auf »Heuwetter«. So tankten wir unseren kleinen, neuen alten Traktor und mähten zum ersten Mal unsere landwirtschaftlichen Flächen, um im Winter genügend Heu für die Weidetiere zu haben. Im ersten Jahr war das Heumachen gleichzeitig ein Rätselraten. Wo genau verliefen die Grundstücksgrenzen? Wie weit konnten wir also ausmähen und welche unserer Flächen waren überhaupt befahrbar? Patrick befragte Nachbarn, sein Handy und ein landwirtschaftliches Programm, in dem alle Flächen in ganz Deutschland genauestens mit Flurstücksnummern erfasst sind. Wir wollten nicht gleich im ersten Jahr in irgendwelche Fettnäpfchen treten und unwissentlich fremde Wiesenstücke mähen. Es gelang uns beinahe. Der fünf Meter breite Streifen eines Nachbarn, den wir dann aber doch fälschlich niedermähten, wurde uns verziehen und so war unsere alte, noch immer einsturzgefährdete Scheune schon drei Wochen nach dem großen Umzug gefüllt mit hübsch gepressten Quaderballen. Wer schon einmal Heu gemacht hat, der weiß, welch Hochgefühl aufkommt, wenn nach tagelanger Arbeit und vielen fragenden Blicken in den wolkenverhangenen Himmel das Heu trocken und sicher in der Scheune verstaut ist.

Neben Grundstücksgrenzen und Heustrategien gab es noch vieles mehr zu entdecken in der fremden Heimat. Wo wuchsen die dicksten Brombeeren? Welche unserer Apfelbäume trugen die schönsten Äpfel? Und wo fand sich ein Landtierarzt für Schafe und Ziegen? Bisher waren wir nur im Winter oder an kalten Frühlingstagen hier gewesen. Der Sommer umgarnte uns aber schon bald nach dem Umzug mit einer wohltuenden Wärme. Vor dem Winter würden wir noch einige Monate Zeit haben, um den Tieren einen anständigen Stall zu bauen und im Haus den ein oder anderen Raum so herzurichten, dass wir mit allen, die uns hilfsbereit zur Seite standen, in den kälteren Monaten auf ein Süppchen zur Mittagszeit neben dem alten Kachelofen sitzen könnten.

Meine Mutter, Oskar und ich erkundeten in der lauen Sommerluft aber vor allem die Natur um uns herum ausgiebig. Wir sammelten kiloweise Brombeeren und kochten Marmelade ein. Wir zogen Pflanzen vor und bestellten einen kleinen Garten, für den Patrick die Beete vorbereitete. Wir fanden Wildkräuter wie Löwenzahn, Giersch, Gundermann und Sauerampfer, aus denen wir köstliche Salate zaubern konnten, solange unser eigener Garten noch nichts hergab. Wir trockneten Lindenblüten, Weißdorn und Brombeerblätter für diverse Teemischungen und ernteten die schmackhaftesten Trauben von alten Rebstöcken an der südlichen Giebelwand der Scheune. Zu unserer großen Überraschung fanden wir an vielen Zwetschgenbäumen in der Region massenweise Schwämme eines Baumpilzes, der eigentlich sehr selten, als junger Pilz aber auch sehr schmackhaft ist: Chicken of the Woods. Dieser Schwefelporling wächst hauptsächlich an toten oder schwachen Bäumen und leuchtet schon aus der Ferne so orange wie ein Pfifferling. So gab es des Öfteren vegetarische Chickenwings, wofür wir die Pilze mithilfe von Semmelbröseln aus altem Sauerteigbrot und den Eiern unserer Hühner panierten. Den Keller füllten wir mit Äpfeln, Birnen sowie eingemachten Zwetschgen und lagerten Walnüsse neben der Ofenbank, um sie an langen Winterabenden knacken zu können. Die Natur versorgte uns reichlich und wir probierten alles aus, was wir fanden. Wir versuchten einfach, in jeder Hinsicht mit den Materialien zu arbeiten, die uns zur Verfügung standen.

Patrick war auf genau der gleichen Mission wie wir. Aber nicht draußen zwischen Hecken, Wäldern, Wiesen und der Küche, sondern in Haus und Scheune. Dort nämlich entdeckte er allerhand Altes und Brauchbares, das wir für eines unserer unzähligen Bau- und Sanierungsprojekte nutzen konnten. Zum Beispiel fand er in der riesigen Scheune einen Berg alter Ziegel, der ausreichte, um damit das Dach für einen Offenstall für die Tiere zu decken, den wir im Herbst bauen würden. Außerdem uralte Eichenbalken, aus denen wir später Treppenstufen oder Möbelteile zauberten. Aus einem geschätzt 200 Jahre alten einachsigen Holzwagen und alten Latten und Dielen bastelte er einen mobilen Stall für die Schafe mit Blechdach aus Wellblechtafeln, die er ebenfalls auf dem Hof entdeckt hatte. Jede Menge Baustahl für spätere Betonier-Aktionen und alte Bretter, aus denen wir Regale bauten, um das Eingemachte im Keller zu lagern, fand Patrick ebenfalls. Neben viel Unbrauchbarem förderte er beim Entrümpeln außerdem altes Werkzeug zutage, das wir genau so, wie es war, wieder zum Einsatz bringen konnten. Des Weiteren waren unter unseren Fundstücken Bohnenstangen für den Garten, Zaunpfosten für die Weideviehhaltung, Sensen, Milchkannen, Körbe, lange Stäbe für die Obsternte in den Bäumen und einige Drehhaken, die genutzt werden, um schwere Stämme zu drehen und zu bewegen.

Neben allem, was wir im und ums Haus herum fanden und verarbeiteten, nutzten wir die Sommertage, um Küche und Stube provisorisch herzurichten. In der Stube kratzten wir fünf Schichten uralter, staubiger Teppiche vom Boden. Die Holzdielen, die darunter zum Vorschein kamen, waren mit Hunderten Nägeln übersät und wir waren zwei ganze Tage damit beschäftigt, die alten, rostigen Nägel mit Zangen herauszuziehen, bevor wir den Boden abschleifen konnten.

Meine Mutter und ich strichen die ochsenblutroten Vertäfelungen in der Stube mit den Farbresten aus unserem ersten Sanierungshaus angenehm hell. Patrick und sein Bruder dämmten die Kellerdecke, die unter der Stube lag, damit wir sie im Winter auch ohne die fünf Schichten aus alten Teppichen, die zuvor als Dämmung gedient hatten, warm bekommen würden. Von meiner Omi hatte ich einen alten Teppich mit weiß-braunen Mustern geerbt, der gut zum braunen Kachelofen passte. Alles in allem war die Stube plötzlich ein gemütlicher, sauberer Raum, den wir trotz der kaputten, einfachverglasten Fenster mit dem großen Kachelofen und der Ofenbank über die Küche heizen konnten. Zusätzlich gab es in der Stube einen großen neueren Ofen, den die erwachsenen Kinder des älteren Mannes, der hier zuletzt gewohnt hatte, gegen Ende seiner Tage verbaut hatten. Als er gebrechlich geworden war, hatte er wohl nur noch die Stube bewohnen können.

Im ersten Obergeschoss gab es eine rußige schwarze Kammer mit einem Ofenanschluss und daneben ein größeres Zimmer ohne Ofen, welches beim Kauf in seinem Vermüllungsgrad alle anderen Zimmer übertrumpft hatte. Inzwischen waren sowohl Kammer als auch Zimmer leer. Patrick und sein Bruder rissen kurzerhand die Wand ein, die beide Räume voneinander trennte, wir kauften im Baumarkt ein paar Meter günstigen Teppich von der Rolle und strichen die verrußten Wände in mehreren Schichten frisch an. Es war eine Heidenarbeit, da die alte Farbe beim neuen Anstrich von den Wänden abblätterte und den provisorischen Anstrich mehr als mühsam gestaltete. Die Zimmerdecke war unstreichbar und voller Löcher, und so montierte Patrick einige Holzlatten an die Decke, die meine Mutter mit einem riesigen

Stück Stoff betackerte. Via Kleinanzeigen kauften wir außerdem einen hübschen kleinen Ofen und so hatten wir in Windeseile ein relativ sauberes, warmes und geräumiges Zimmer für meine Mutter geschaffen, in dem sie endlich all ihr Hab und Gut unterbringen konnte. Als der Kaminfeger kam, mussten wir den neuen Ofen allerdings direkt wieder ausbauen, weil er seinen Anforderungen nicht entsprach. Auch unser selbst gebastelter Rauchabzug musste durch moderne, isolierte Kaminleitungen ersetzt werden, was schlussendlich das teuerste Investment für das ganze Zimmer wurde. Nun gut, dafür bauten wir den neueren Ofen, der unten in der Stube neben dem Kachelofen stand, aus und stellten ihn bei meiner Mutter ins Zimmer. Nun galt es, die Daumen zu drücken, dass die Stube trotzdem warm werden würde im Winter, damit wir Helfende und FreundInnen, Bekannte und Familie beherbergen konnten. Der Besuch des Kaminfegers brachte noch weitere Aufregung und Ungewissheit mit sich. Zwar durften wir die alte Küchenhexe behalten, auf der wir kochten und mit der wir hofften, im Winter die ganze Küche heizen zu können, allerdings mussten wir die alten Öfen in den anderen Zimmern abbauen. Auch was den großen Kachelofen betraf, machte uns der Kaminfeger wenig Hoffnung, denn er schätzte ihn als einsturzgefährdet ein. Ein paar wenige Jahre gab er ihm noch.

Zur weiteren Vorbereitung auf den Winter bauten wir gemeinsam mit zwei anderen Höfen eine mobile Sauna, die wir im rotierenden System auf einem der Höfe abstellen und anheizen könnten. Bis heute treffen wir uns regelmäßig auf Saunaabende mit Freunden und Familie aus der Nachbarschaft. Nichts Wohltuenderes gibt es nach einem arbeitsamen Tag, als auf der warmen Kachelofenbank oder in der selbst gebauten Sauna mit Holzofen zu liegen und die Wärme in den kalten Knochen zu spüren. Schon auf dem Hof von Patricks Familie hatte Patrick eine Sauna mit

Holzofen aus Blockbohlen gebaut. Wir hatten uns an diesen kleinen Luxus in unserem Alltag gewöhnt und leider die Blockbohlensauna beim Umzug auf unseren Hof nicht mitnehmen können. Die Idee mit der mobilen Sauna war nun auf dem Mist von Patricks Schwager und Schwester gewachsen. Wir freuten uns sehr, auf diese Weise wieder zum Saunieren zu kommen. Bis heute steht montags Damensauna und mittwochs Herrensauna auf dem Programm. Das hat ganz praktische und naheliegende Gründe. Zum einen haben wir alle Kinder, die von einem Elternteil gehütet werden müssen, und zum anderen ist es gerade für uns Frauen eine wahre Wohltat, auch mal über »unsere« Themen zu sprechen. So weit draußen zwischen Landwirtschaft, Arbeit und Haushalt kommt das oft zu kurz. Einfach mal für zwei Stunden ohne Kinder zu sein, durch die langen, schmalen Fenster der Sauna in die Weite zu schauen, dem Prasseln des Feuers zu lauschen und sich gegenseitig mit den Handtüchern die Aufgussluft um die Ohren zu wedeln. Ich habe das Gefühl, dass uns die gemeinsame Zeit in der Sauna auf ganz neue Weise buchstäblich zusammenschweißt. Die Männer ebenso wie die Frauen. Bei uns drehen sich die Gespräche meist um unsere Kinder, die Herausforderungen der Mutterschaft, Selbstständigkeit, Beziehung, Zyklen und Gartenpflanzen. Bei den Männern geht es um Maschinen, Finanzen und Holzmacherei.

Ich finde es so wichtig und schön, dass Männer und Frauen durch die Saunaabende ihren eigenen Raum haben, und dass wir ansonsten hier draußen alles gemeinsam wuppen und immer an einem Strang ziehen, ohne uns ständig zu fragen, welche Arbeiten mehr wert sind. Auch ich rede gerne über Holz, Finanzen und Steuern. Patrick und ich sitzen so viele Stunden gemeinsam am Küchentisch und sprechen über Bauabläufe, Steuerbescheide, landwirtschaftliche Strategien, Weidemanagement, Dachsparren und Denkmalabschreibungen. Die Frauenthemen dagegen gibt es für mich nur einmal die Woche und damit haben sie einen besonders hohen Stellenwert. Die Kinder gehen ab und an mit den Männern mit in die Sauna und sitzen unter den Bänken, wo sie am liebsten Höhlentiger spielen. Kürzlich, zum Glück waren die Kinder an diesem Abend nicht mit dabei, haben sich die Männer in der Sauna eingesperrt. Die Tür hatte sich durch den Wechsel von feuchter und warmer Luft so verkeilt und verzogen, dass sie sich nicht mehr öffnen ließ. Erst allein und dann zu dritt haben sie sich mit aller Kraft und Körpermasse gegen die Tür geworfen. Keine Chance. Die Lösung war schlussendlich eine Axt, die in der Sauna unter der Bank beim Brennholz lag und mit deren Hilfe sie einen Holzkeil durch den Türspalt hatten schlagen können, bis sie endlich aufsprang. Bis heute lachen wir darüber, wie männlich ihre Saunaabende offenbar sein müssen, während wir Frauen es harmonisch und friedlich miteinander haben.

Um die Wellnessoase komplett zu machen, kauften wir via Kleinanzeigen außerdem einen Hot Tub mit Holzofen, den wir hinter dem Haus aufstellten. Unzählige Abende würden wir hier noch mit freiwilligen Helferinnen und Helfern verbringen. Im blubbernden, warmen Wasser mitten im Schnee, unter dem Sternenhimmel, neben den Schafen, die gemütlich im Stall schliefen. In einem so entbehrungsreichen Alltag darf der Spaß schließlich nicht zu kurz kommen.

Die Küche war zwar weniger komfortabel, geschweige denn luxuriös, dafür aber hatte sie großes Potenzial, urig und gemütlich zu werden. Wir richteten sie provisorisch ein, um sie während der Sanierungszeit nutzen zu können. Als wir das Haus kauften, war sie vollgestellt mit billigen 60er-Jahre-Pressspanmöbeln. Nun zogen einige alte Werkstattschränke und ein kleines, 200 Jahre altes Küchenbüfett ein, welches wir aus einem alten Schwarzwaldhof mitgenommen hatten. Patrick baute aus dicken Ästen eine Leiter, die wir horizontal über der Küchenhexe montierten, um dort Töpfe und Pfannen aufzuhängen, das Brot als Leckerbissen für die Tiere zu trocknen und die Eierschalen zu sammeln, welche die Hühner ins Futter bekommen, um ihren Nährstoffhaushalt zu verbessern. Patrick baute außerdem den alten Schweinestall ab, der in einer Ecke des Kuhstalls stand. Der Stall war noch auf Anbindehaltung ausgelegt und stammte ebenfalls aus den 60er-Jahren. Die dicken Dielen der Stallwände waren allerdings zu schade, um sie in den Kachelofen zu schieben, und so zweckentfremdete Patrick sie kurzerhand als Arbeitsplatte in der Küche. Auch eine Spülmaschine kauften wir gebraucht via Kleinanzeigen. Das war nach fünf Jahren Wagenleben und Kochen für zwei bis zehn Handwerker jeden Tag die größte Errungenschaft für mich.

Die Erbengemeinschaft hatte, einige Jahre bevor der ältere Herr gestorben war, noch ein neues Badezimmer in die Küche gebaut. So konnten wir im Haus mithilfe eines Stromboilers warm duschen und auf einer ganz normalen Toilette unsere Notdurft verrichten. Das Badezimmer war an diesem Haus also der einzige Raum, der in den letzten Jahren neu gemacht worden war. Für die Zeit vor der Sanierung war das nun einfach perfekt. Auf Dauer wollen wir das Badezimmer aber wieder zurückbauen, weil es mitten in die Küche gezimmert wurde, sodass viel wertvoller Raum und Licht verloren gehen.

Um den Hof herum wandelte sich ebenfalls vieles. Wir bekamen drei Wochen lang Besuch von einem Handwerkerkumpel aus der alten Heimat, der gemeinsam mit Patrick und einigen weiteren Freunden die Fläche um Haus und Scheune befahrbar machte. Dazu nutzten sie einen Minibagger und einen großen Mietbagger. Tonnenweise Schotter vergruben wir. Buchstäblich. Oskar war regelrecht im Baggerhimmel, wenn er stundenlang bei Christoph an den Hebeln saß, und nach drei Wochen konnten wir endlich um das Haus herumfahren, ohne im Matsch zu versinken.

Im August setzten wir dann einen Plan in die Tat um, den wir schon beim Kauf des Hofes, also lange vor dem Umzug, geschmiedet hatten. So weit draußen ist es überlebenswichtig, vernetzt zu sein. Kontakte zu knüpfen. Sich gegenseitig zu helfen. Anhänger, Traktoren, Mähwerke oder Medizin und Milchpulver für die Lämmer zu tauschen, wenn es irgendwo klemmt. In der Stadt gibt es für fast jedes Problem einen Dienstleister. Auf dem Land leistet man vieles noch selbst. Einfach, weil die meisten Herausforderungen nach sehr individuellen Lösungen schreien. Außer der Familie meiner Schwägerin kannten wir allerdings bisher kaum eine Menschenseele in der neuen Heimat. Wir hielten hier und da ein wenig Small Talk, wann immer wir jemanden auf der Straße trafen, eine liebe Nachbarin hatte einmal Kuchen vorbeigebracht, als sie sah, wie viele fleißige Helfer wir täglich zu verpflegen hatten, aber dabei war es erst mal geblieben. Nun war es für uns an der Zeit, die Nachbarschaft endlich so richtig kennenzulernen. Also planten wir ein Willkommensfest.

Eines schönen Sommertages marschierten wir mit unseren selbst gestalteten Einladungskarten durch den kleinen Weiler, fuhren einige Höfe in der Nachbarschaft an und luden die gesamte Erbengemeinschaft ein, die uns den Hof verkauft hatte. Auch in der alten Heimat gaben wir Bescheid, um all unsere Freunde, Familie, neue und alte Nachbarn beisammenzuhaben.

»Was machen wir denn zu essen?«, fragte Patrick, als wir einige Tage vor dem großen Fest auf den Stufen unseres Tiny Houses in der Sonne saßen, Kaffee tranken und eine Party für die etwa hundert Menschen planten, die wir eingeladen hatten.

»Hoffen wir mal, dass von den Leuten hier überhaupt jemand kommt«, sagte ich.

»Vorne auf dem Hof an der großen Straße haben wir schon unseren Ruf als die ›Ökos‹ weg«, sagte Patrick und grinste.

»Na, dann müssen wir zumindest dafür sorgen, dass genügend Bier da ist«, kicherte ich.

»Machen wir einfach ein Büfett mit verschiedenen Sachen? Nudelsalat und so?«

»Nudelsalat kann ich einfach nicht mehr sehen. Kartoffelsalat auch nicht. Ich will irgendwas … Leckeres machen«, maulte ich.

»Würstchen mit Pommes?«, sagte Patrick trocken, denn er kannte meine Antwort.

»Naja, also wenn wir hier schon die ›Ökos‹ sind, dann sollten wir auch was ›ökiges‹ anbieten. Wie wäre es mit einem Waldorfsalat? Oder einem delikaten Phở-Süppchen mit Gemüse? Ist gerade nicht nur in Vietnam total in. Ich wäre ansonsten auch bei einer Rohkostplatte dabei.« Ich war mal wieder voll in meinem Element, denn ich liebte es, Foodtrends in mein Repertoire aufzunehmen.

»Also, Fleisch sollte es schon geben«, nahm Patrick mir aber sogleich den Wind aus den Segeln. »Wir sind hier aufm Land. Ein Fest ohne Würstchen ist hier kein Fest.«

»Glaubst du, die verhungern, wenn sie einen Abend vegetarisch essen?«, erwiderte ich.

»Nee, aber ich will, dass sich alle hier wohlfühlen«, murmelte Patrick.

Ich überlegte einen Moment. »Burger!«, rief ich dann. »Wir machen ein Burgerbüfett. Die Pattys braten wir über dem Feuer aus, die Brötchen können wir vorher backen und dann kann sich jeder seinen Burger selbst belegen. Ist doch cool. So ein bisschen interaktiv. Ich hab Lust, mal ein bisschen zu experimentieren. Vegetarische Burgerpattys aus Kidneybohnen, Rotkraut, Semmelbröseln und Soja oder so«, ich war mit einem Mal voller Euphorie.

Patrick lachte. Er wusste, dass ich leidenschaftlich gerne kochte, mir stets große Mühe gab, wenn es um die Verpflegung meiner Mitmenschen ging, und mich seit meinem dritten Lebensjahr vegetarisch ernährte. Ich ließ natürlich jeden essen, was er oder sie wollte. Wenn ich in der Küche stand, gab es jedoch ausschließlich vegetarisches Essen. Patrick wusste also, dass er für die Würstchen auf dem Fest allein verantwortlich wäre, und so wie ich ihn kannte, sah er sich am Festabend eher an der Bar als hinter dem Herd.

»Na gut, wenn die richtig lecker werden, dann merkt ja vielleicht keiner, dass sie vegetarisch sind. Du kannst ja mal experimentieren und wenn es nix wird mit den vegetarischen Pattys, machen wir Fleisch«, lenkte Patrick ein.

»Abgemacht. Dann steht dem Ökohoffest nichts mehr im Wege. Das werden die leckersten Burger, die du je gegessen hast«, rief ich triumphierend.

So machten wir es. In den nächsten Tagen experimentierte ich mit verschiedenen Zutaten und Mengen, bis wir mit Geschmack und Konsistenz zufrieden waren. Am Abend vor dem Fest bereitete ich dann geschätzt fünfundzwanzig Kilo vegetarische Pattymasse in unserem großen blauen Einkochtopf aus Email zu. Patricks Schwester hatte sich bereit erklärt, zweihundert selbst gebackene Burgerbrötchen beizusteuern, die sie bei sich auf dem Hof im Kachelofen ausbackte, und die restlichen Zutaten wie Gurkenscheiben, Käse und Beilagensalate hatten wir unseren Gästen aufgebrummt. Jeder sollte eine Zutat mitbringen oder Kuchen und Nachtisch zum Kaffee. Patrick hatte wegen der Sache mit dem vegetarischen Hoffest zwar ein wenig Bedenken, aber er war mutig genug, das Experiment zu wagen.

Das frisch geschotterte Grundstück hinter dem Haus bot genügend Platz, um ein Fest für etwa hundert Menschen zu veranstalten. Mit dem Lkw fuhren wir in einen nahe gelegenen Getränkemarkt und kauften kistenweise Limonade, Bier, Sprudel und Saft. Auf der ehemaligen Mistplatte bauten wir einen großen Pavillon auf, den wir von einem ehemaligen Nachbarn geliehen hatten, errichteten aus Bauholz eine zehn Meter lange Tafel und reihten zu beiden Seiten unsere Heuballen aus der Scheune als Sitzgelegenheiten auf. Wir sammelten auf unseren Wiesen Blumen als Dekoration und bauten im ehemaligen Werkstattkeller ein Büfett auf für Burgerbelag, Kaffee, Kuchen und Getränke. Ein befreundeter Veranstaltungstechniker brachte hübsche Beleuchtung mit für den Abend.

Dann war der große Tag gekommen. Nach und nach trudelten die Gäste ein, von nah und fern. Fast niemand hatte abgesagt und auch das Fernsehteam war mal wieder dabei. Es gab Musik, Getränke, festliche Dekoration, und unsere Freunde, die von weit her kamen, hatten auf einer der Wiesen einen kleinen Campingplatz mit Alpenblick für die Nacht errichtet. Ich stand mit einer Freundin die meiste Zeit am Grill, wir formten Burgerpattys und kamen so mit fast jedem der Gäste einmal ins Gespräch. Auf solchen Veranstaltungen finde ich die Jobs an Theke oder Bar stets die besten. Da ist man abgestellt, hat alle Hände voll zu tun und kann dennoch jeden Gast in Ruhe begrüßen.

Als es dunkel wurde, gingen die drei großen Strahler an, die unser Freund am Fuße der alten Bruchsteinmauer an der Rückwand des Wohnhauses installiert hatte. Die Szenerie wirkte fast wie in einem modernen Club in der Großstadt im Industrial Style oder vielleicht eher *shabby chic*? Wie dem auch sei, ich bin mir sicher, dass unser Hof schon einige Jahrhunderte keine so ausgiebige, große Feier mehr gesehen hatte. Es war ein Fest. Anders kann ich es nicht beschreiben. Mit allem, was dazugehört. Wir lernten so viele neue Menschen kennen, genossen die Zeit mit Freunden aus der alten Heimat und machten an diesem Abend mindestens zwanzig Führungen mit unterschiedlichen Gruppen durch Haus und Scheune. Endlich waren wir angekommen. Das Fest veränderte unser Lebensgefühl im neuen Zuhause grundlegend. Zwar war unser Hof noch lange nicht ganz Heimat für uns geworden – dazu würden noch ein paar Jahre ins Land gehen müssen, in denen unsere Kinder hier aufwachsen würden und in denen wir die neue Gegend und die neuen Menschen annähernd so gut kennenlernen wollten wie unsere eigene Westentasche. Fürs Erste aber fühlten wir uns herzlich aufgenommen und willkommen und bekamen eine leise Vorahnung davon, wie sich Heimat einmal anfühlen wird. Durch die große Reichweite auf Social Media, die wir mitgebracht hatten, kannte man uns längst. Hier im Weiler, unten im Dorf und auch in den Gemeinden außenrum. Endlich kannten aber auch wir ein paar Gesichter mehr, kamen im Supermarkt oder beim Postamt ins Gespräch und grüßten uns gegenseitig aus den offenen Traktorfenstern. Das Fest war ein voller Erfolg gewesen und die Lobeshymnen auf die vegetarischen Burger rissen auch Wochen später nicht ab.

Wir lernten viel im ersten Jahr. Viel in der analogen Welt über Provisorien, Baggerarbeiten, Holzöfen, Selbstversorgung und Tierhaltung. Über die Früchte der Wildnis vor unserer Haustür und über alten Kram, der bis heute brauchbar ist. Viel lernten wir aber auch in der digitalen Welt über die Art und Weise, Ereignisse und Geschichten teilen zu können. Authentisch zu sein und sich gleichzeitig einer wachsenden Öffentlichkeit auszusetzen. Zwar kämpfen wir mit Fake-Profilen, die unseren Content kopieren und unter unserem Namen auf anderen Plattformen hochladen, aber ich kenne kaum erfolgreiche Creator, die um dieses Phänomen herumgekommen sind. Jeden Tag bin ich unendlich dankbar für die vielen Tausend Menschen, die inzwischen zu uns gefunden haben. Dankbar für all die Unterstützung, die wir in so vielen Bereichen des Lebens und Arbeitens bisher bekommen haben, weil wir unseren Weg jeden Tag offen teilen. Nicht nur Privatmenschen schauen uns zu, sondern auch Verantwortliche in Unternehmen, mit denen wir zusammenarbeiten, Regierungspräsidien und andere Entscheidungsträger aus diversen Bereichen. Manches Mal komme ich an meine Grenzen mit all den Anforderungen, die da an uns als Creator gestellt werden, denn dieser Job läuft neben all dem, was hier tagtäglich ohnehin schon laufen muss. Institutionen im landwirtschaftlichen Bereich fordern ganz anderen Content als Unternehmen aus der Lifestyle-, Food- oder Beauty-Branche. Frauen fordern anderen Content als Männer. Die einen freuen sich über Rabattcodes und spannende Aktionen, wohingegen andere, die davon ausgehen, dass wir einfach ein paar nette Videos fürs Internet drehen, fragen, warum da Werbung drin sein muss. Es ist ein Vollzeitjob, bei dem man nie Feierabend hat, große Risiken eingeht und stets balanciert zwischen Erwartungen, rechtlichen Anforderungen und Contentstrategien. Ein ständiger Balanceakt zwischen Privatleben und Öffentlichkeit. Damit leben wir. Was uns dabei meiner Meinung nach zum Erfolg verholfen hat, ist die Echtheit in dem Content, den wir teilen, trotz der unglaublich vielen Ansprüche von außen. Wir finden in unserem straffen Alltag kaum Zeit, irgendwelche Pläne für Postings zu erstellen und diese dann auch zu befolgen. Wir nehmen, was da ist. Jeden Tag passiert hier draußen so viel, dass es zeitweise gar nicht so einfach ist, zu entscheiden, welche Ereignisse einen Mehrwert für die Community bringen, gleichzeitig keinen rechtlichen Verstoß bedeuten, Persönlichkeitsrechte schützen, für Unternehmen, die potenziell mit uns zusammenarbeiten möchten, relevant sind, aber auch für uns selbst die Dinge spiegeln, die unser Leben erfüllen und die wir deshalb teilen wollen. Doch wenn man Freude teilt, wird sie größer und nach diesem Leitbild arbeiten wir bis heute. Wir haben nicht die Absicht, unser Leben so vollständig wie möglich wiederzugeben. Was wir zeigen, ist gut gewählt und selektiert. Das Leben ist so intensiv, so vielschichtig, dass wir es niemals objektiv über Social Media abbilden könnten. Egal wie viel wir posten würden, irgendetwas würde immer fehlen. Unser Job ist im Grunde vergleichbar mit der Pflege einer tagesaktuellen Zeitung. Wir bestücken unseren Kanal sukzessive mit Beiträgen, die für die Abonnentinnen und Abonnenten spannend, relevant und sehenswert sind.

Wenn wir in diesem ersten Jahr eines gelernt haben, dann wahrscheinlich, den Blick auf unser eigenes »Business« zu richten. Auf unsere eigenen Bedürfnisse. Auf unsere Familie, unsere Tiere, unseren Job, der sich immer mehr von Handwerk und Onlineseminaren im Storytelling hin zu dem entwickelte, womit sich Content Creator beschäftigen. Wir haben gelernt, dass wir sehr gut mit den vorhandenen Materialien und mit den vorhandenen Fähigkeiten vorwärtskommen. In unserem analogen Alltag ging es im ersten Winter oft um nicht viel mehr als um das tägliche Überleben. Nicht frieren zu müssen, Keller und Speisekammer voller Holz und Lebensmittel zu haben und die Scheune voller Heu für die Tiere. Den eigenen Aufgaben nachgehen zu dürfen, das eigene Leben selbst in die Hand zu nehmen, das ist es, was uns schon immer am meisten erfüllt hat. Neben den anfänglichen Strapazen war der Start in ein neues altes Leben aber vor allem gefüllt mit so etwas wie Magie. Der Zauber des Anfangs umgarnte uns und des Öfteren hielt ich vor Glück den Atem an, während ich mit meinem großen Kind auf dem Schoß, meinem kleinen Kind im Bauch und meinem Mann an meiner Seite in unserer eigenen Küche saß, dem Prasseln des Feuers lauschte und die Röte der Abendsonne genoss, die durch das Küchenfenster schien.

6
Die heiligen drei Königinnen

Wie wir in einem alten Haus neue Wege finden

Bis Ende Oktober hatten wir mehr geschafft, als wir selbst für möglich gehalten hatten. Der Hof war geschottert und befahrbar, Leitungen für später geplante Bauten waren in den Boden eingelassen, wir hatten einen Offenstall für die Tiere auf die ehemalige Güllegrube gebaut, eine riesige Betonplatte in die Scheune gegossen, erste Kernlochbohrungen für die spätere Leitungsführung vorgenommen, das Haus provisorisch bewohnbar hergerichtet und die schlimmsten Stellen in der Scheune abgesichert. Wir hatten unsere Schafherde vergrößert, Ziegen und Hühner beheimatet, unser erstes eigenes Heu geerntet, dreißig von hundertfünfzig Obstbäumen eine neue Frisur verpasst und waren bei der Sanierungsplanung und Antragstellung gut vorangekommen. An allen Ecken und Enden waren wir gewachsen und hatten den Umzug auf unseren wilden Hof noch nicht bereut.

Als der November kam, packten wir daher guten Gewissens unsere Koffer und flogen für drei Wochen nach Südafrika. Unsere erste große Reise, auf die wir als Content Creator eingeladen wurden. Wir flogen im Auftrag eines Individualreiseveranstalters und sollten unsere digitale Community mitnehmen auf die Reise und Einblicke gewähren in Unterkünfte, Restaurants und die schönen Ecken des Landes. Mit im Gepäck hatten wir unseren zweijährigen Sohn und meinen dicken Schwangerschaftsbauch im siebten Monat. Wir planten die Reise mit unserem Kooperationspartner so, dass ich mit einem ärztlichen Attest gerade noch so ins Flugzeug steigen durfte. Gegen Ende der Schwangerschaft werden Frauen nämlich nicht mehr von Fluggesellschaften transportiert. Wir wollten so spät wie möglich fliegen, um zu Hause auf dem Hof vor dem Winter noch so viel wie möglich zu schaffen, und gleichzeitig ein bisschen Sonne in den grauen Wintermonaten tanken. Natürlich überlegte ich mir gut, ob ich bei so fortgeschrittener Schwangerschaft wirklich an den südlichsten Zipfel Afrikas reisen wollte, aber auch in diesem Land gab es eine ärztliche Versorgung für den Ernstfall und wir versuchten, wie so oft, einfach dem Leben zu vertrauen. Unser großer Wunsch war es, dass das Kind bei uns zu Hause auf dem Hof zur Welt kommen konnte. Nach all den Erlebnissen im Krankenhaus mit unserem Sohn während der Pandemie wünschte ich mir nichts sehnlicher, als in Ruhe und auf natürliche Weise zu Hause zu gebären. Ich hatte monatelang gesucht und am Ende nur über Kontakte aus unserer Community eine Hebamme gefunden, die den Mut aufbrachte, uns zu Hause auf dem Hof zu begleiten. Sie hatte mindestens anderthalb Stunden Anfahrt, aber sehr viel Erfahrung und ermutigte uns, auf unsere Intuition zu hören. Viele Menschen konnten unsere Entscheidung nicht verstehen. Weder die Hausgeburt noch die lange Reise so kurz vorher. Wir aber trauten uns beide Abenteuer zu.

In Südafrika erholten wir uns von den Strapazen des wilden, langen Sommers. Vom Umzug, den Bauarbeiten und von allerlei bürokratischen Marathons. Statt von Matsch und kniehohen Müllbergen umgeben zu sein, rollten wir nun in einem piekfeinen Mietwagen die berühmte Gardenroute in Südafrika entlang und übernachteten in den schönsten Lodges, Safarizelten und Hotels der Gegend. Wir sahen Wale und Delfine in freier Wildbahn, fütterten Elefanten und Pinguine und wanderten bis auf den Gipfel des Lion's Head in Kapstadt. Neben erholsamen Momenten hatten wir unterwegs aber auch viel Arbeit im Gepäck. Weitere Kooperationen, die wir auch auf Reisen mitnahmen, tägliche Storys und Reels auf Social Media, die nie endende Sanierungsplanung, Steuerverwaltung und dergleichen. Gleichzeitig hatten wir einen kleinen, süßen Rotzlöffel dabei, der auch unterwegs nie lang auf sich allein gestellt sein konnte, und einen wachsenden Bauch, der auf körperlicher Ebene viel Energie zog.

Als wir zurückkehrten, hatte sich der Winter angekündigt und entgegen all unseren Plänen zogen wir ins Haus. Noch wenige Monate zuvor war das unvorstellbar gewesen. Inzwischen aber hatten wir das komplette Erdgeschoss und das erste Obergeschoss entrümpelt. In den oberen Zimmern, die auch im Winter unbeheizt, aber trocken blieben, hatten wir viele Kisten und Taschen verteilt mit Dingen, die nicht ins Tiny House passten. In der Speisekammer neben der Küche hatte Patrick provisorisch ein Fenster und etwas Holzfaserdämmung eingebaut, damit es nicht mehr so zog. Die Kellerdecke war gedämmt, Stube und Küche waren aufgehübscht und Waschmaschine und Spülmaschine installiert. Wir hatten Risse und Löcher in den Bruchsteinwänden geflickt und versucht, alle Mauselöcher aufzuspüren und zu versiegeln. Ganz unverhofft war es wohnlich, warm und einigermaßen sauber zwischen all den Provisorien geworden. Praktischer und geräumiger als im Tiny House war es obendrein. Durch die Sanierung der Scheune, die wir dem Wohnhaus voranstellten, würde es ohnehin noch eine ganze Weile dauern, bis wir den Wohnbereich sanieren konnten, und so lohnte sich ein Umzug allemal, obwohl wir später noch einmal ausziehen würden, um schlussendlich auch den Wohnraum ordentlich zu sanieren.

Die Reise durch Südafrika lieferte eine zusätzliche Inspiration für unseren neuen Alltag im baufälligen Haus. Wir hatten zwei Nächte in einem hübschen Safarizelt am Rande eines Nationalparks zugebracht, und so war die Idee entstanden, auch zu Hause, zwischen Mäusen, Spinnen und Hunderte Jahre altem Staub ein bisschen Safarifeeling aufkommen zu lassen. Über Kleinanzeigen kauften wir ein drei Meter breites Zelt, das wir im Zimmer neben der Stube aufstellten. Dieses Zimmer war zwar alles andere als warm, durch die Rückwand des Kachelofens, die durch die innere Zimmerwand ein wenig Wärme abstrahlte, aber stets frostfrei. Mit Paletten und einer großen Matratze machten wir es uns im Zelt gemütlich. So konnten wir das alte Schlafsofa aus Leder in der Stube, welches meine Oma uns vermacht hatte und das wir bisher als Bett benutzt hatten, wieder einklappen und das nun schon viel geräumigere Zimmer nicht nur als Kinderzimmer, Arbeitszimmer und Wohnzimmer nutzen, sondern endlich auch Gästen und Menschen, die am Bau mitarbeiteten, ein eigenes Reich anbieten. Kinder lieben Höhlen und Zelte, und Oskar fand das neue Familienbett von der ersten Sekunde an fabelhaft. Unser 500 Jahre altes Haus kannte es auch nicht anders. Seit Jahrhunderten haben die Menschen sich in diesem und anderen Häusern die Betten geteilt, um warm und sicher zu liegen, wenn draußen der Schneesturm tobte und eisige Kälte durch die Steinwände kroch. Wir wissen nun aus eigener Erfahrung, warum die königlichen Betten in alten Schlössern und Burgen so verhangen waren. Die eigene Körperwärme und ein paar Wärmflaschen oder heiße Steine zusätzlich heizten den kleinen Raum im großen kalten Raum ganz gut auf, und wir lagen sicher geschützt vor Tieren, wie Katzen, Hunden, Mäusen, Spinnen und Moskitos, vor Staub und Zugluft. So brachten wir alte Methoden und die moderne Welt zusammen, um uns ein lebenswertes Provisorium in einem jahrhundertealten Gemäuer einzurichten. Natürlich hätten wir auch ein rustikales Himmelbett aus alten Eichenbalken bauen können, anstatt auf dauerhafte »Glampingsafari« zu gehen, allerdings gab es in allen Ecken von Haus und Hof so endlos viel Arbeit, dass die Lösung mit dem Safarizelt der schnellste und einfachste Weg zum Ziel war. Hübsch und gemütlich obendrein.

Unser Leben schrie auch in anderen Bereichen nach individuellen Lösungen und einem gleichzeitig sehr traditionellen Lebensstil, und irgendwie fanden wir immer einen Weg. Bis zur Sanierung des Wohnraums würde es noch ein Weilchen dauern, denn bevor wir an »schöner und moderner wohnen« denken konnten, mussten wir erst einmal Scheune und Werkstatt sanieren. Das hatte mehrere Gründe. Zum einen war die Scheune trotz unserer ersten Sicherungsmaßnahmen statisch in einem sehr fragwürdigen Zustand und je mehr Kram wir dort einlagern würden, desto schlimmer würde es werden. Um also sicheren Platz schaffen zu können für die Landwirtschaft, mussten die alten Balken saniert, eine Betonplatte gegossen und das undichte Dach erneuert werden. Außerdem wollten wir Patricks Maschinen für die Sanierung des Wohnhauses nutzen können und so war es einfach sinnvoll, erst einmal Platz für Werkzeug und Baustoffe zu schaffen und bei der Sanierung mit der Scheune zu beginnen. Auch würden wir den Stauraum brauchen, wenn wir während der Sanierung zwischenzeitlich unseren kompletten Haushalt ausräumten, bis das Erdgeschoss mit Heizung, Küche, Bad, Fenstern, Böden und Wänden in neuem Glanz erstrahlen würde. Aus Gesprächen mit Bekannten und dem Austausch mit Followern wissen wir, dass unsere Strategie für viele Menschen offenbar überraschend kam oder nicht so ganz nachvollziehbar war. »Normalerweise« hätte man sich mit Kleinkind und schwanger direkt auf das Wohnhaus gestürzt und den Nestbau mit Kinderzimmer, Zentralheizung und solchen Dingen vorangetrieben. »Haben die überhaupt einen Plan?«, wurde ein Bekannter von uns einmal von einem Follower gefragt.

Und ob wir den haben. Bis heute bin ich der festen Überzeugung, dass unser Ansatz genau richtig ist, auch wenn er womöglich etwas unkonventionell anmutet. Von Anfang an haben wir in Infrastruktur, Landwirtschaft und unternehmerisches Handeln investiert. Der eigene Luxus, die Annehmlichkeiten des modernen Lebens, stehen für uns an letzter Stelle. Wir verzichten schon seit Jahren auf eine Heizung oder großzügigen, moderneren Wohnraum, schlagen unser Holz selbst, versuchen, so viele Lebensmittel wie möglich selbst zu produzieren, und sind meistens zurückhaltend mit unüberlegten Ausgaben. Wir wären nicht glücklich damit, in einem hübsch sanierten Wohnzimmer vor dem Fernseher zu sitzen, wenn draußen die Scheune auseinanderfällt und unsere Tiere und Fahrzeuge kein trockenes Plätzchen für den Winter haben. Für uns fühlt es sich genau richtig an, einige Jahre in Provisorien zu leben und hart zu arbeiten, um schlussendlich übergeordnete Ziele zu erreichen. Und, das muss man erwähnen, unser Leben im Sanierungszustand hat auch seine Vorteile. Gerade wenn man mit zwei kleinen Kindern, Hund und Katze zusammenlebt. Verkratzte Türen, fettige Fingerabdrücke an den Fenstern, fleckige Böden oder gar angemalte Wände – all das tut nicht weh. Außerdem ist der Sandkasten, den wir in der Speisekammer für den Winter in einen alten Traktorreifen gebaut haben, ziemlich praktisch als Langzeitbeschäftigung, während wir in Ruhe nebenher den provisorischen Haushalt schmeißen können. Für mich ist es genau das, was unser Leben zu einem echten Luxus macht: Die Kinder sind hier frei. Wir alle sind hier frei. Unsere Kinder können mit (fast) allem spielen, sich ausprobieren und haben große Freude daran, die Baustelle, den Garten und das ganze Haus als Abenteuerspielplatz zu nutzen und umzubauen.

Der Dezember war ein besonderer Monat für uns alle. Das erste Mal Advent mit einem Kind, das nun mit seinen zwei Jahren so alt war, den Zauber dieser ganz eigenen Zeit begreifen zu können. Das erste Weihnachtsfest auf dem eigenen Hof. Wir schmückten Stube und Küche, stellten einen Baum auf, backten Plätzchen und genossen die langen Winterabende vor dem Kachelofen, am Spinnrad oder beim Nüsseknacken. Für eine traditionelle, besinnliche Weihnachtszeit gibt es wahrscheinlich keinen passenderen Ort als einen alten urigen Hof mit Kachelofen und Schafen hinter dem Haus, die in ihrem dicken Wollkleid auf dem Stroh liegend auf das Christkind höchstpersönlich zu warten scheinen.

Aber der deutsche Winter ist und bleibt auch lang und zäh. Die größte Herausforderung in diesem Haus ohne Heizung sind die ständig geschlossenen Türen. Das Gefühl, sich selbst andauernd einsperren zu müssen. Unsere Kinder sind heute zwar Meister darin, Türen zu schließen, weil es einfach überlebenswichtig ist, aber auch sie würden oft viel lieber zwischen Flur, Küche, Schlafzimmer und Bad hin und her flitzen, so, wie sie es in den Sommermonaten lieben. Da allerdings sind wir ohnehin die meiste Zeit vor der Haustür. Im Winter kommt es des Öfteren vor, dass ich schnell aus der Stube husche, um in der Küche Holz nachzulegen, und die Kinder allein in der Stube eingesperrt lassen muss, damit sich die kostbare Wärme nicht in kalte Luft auflöst. Meistens ist das für die Kleinen kein Problem, sie kennen es nicht anders. Dann gibt es aber wieder Momente, in denen sie mich nicht aus dem Zimmer lassen wollen, und so bleibt mir nur, beide Kinder unter den Arm zu klemmen, in die Küche zu tragen, Holz nachzulegen und mit dem Packeselexpress wieder zurück in die Stube zu eiern. Man gewöhnt sich an alles. Trotzdem freuen wir uns am allermeisten auf offene Türen, warme Zimmer und etwas mehr Licht im Haus nach der Sanierung.

In vergangenen Zeiten gab es, wie ich heute glaube, angesichts des harten Lebens auf dem Land oft keine andere Möglichkeit, als die Kinder schreiend im Laufstall zurückzulassen. Ich heiße das nicht gut, denn ich bin mir sicher, dass es seelischen Schaden anrichtet, kleine, schutzlose Menschen allein zu lassen. Aber was sollte man tun, wenn Kühe gemolken werden mussten, der Acker bestellt oder Holz gehackt werden sollte? All das war schlichtweg notwendig fürs Überleben. Im Sommer ist es einfacher, die Kleinen in der Trage mit dabei zu haben. Aber selbst das kann bisweilen sehr herausfordernd sein. Heute haben wir uns den Luxus erarbeitet, unsere Kinder feinfühliger begleiten zu können, und dafür bin ich sehr dankbar. Wir geben hier draußen unser Bestes, harte Arbeit und kindliche Bedürfnisse unter einen Hut zu bekommen. Altes und Neues zu verbinden, denn die Kinder lernen am meisten, wenn sie einfach dabei sein dürfen. Wenn wir uns die Zeit nehmen, sie einzubinden. Wir können heute, im Gegensatz zu früher, einfach in den Supermarkt laufen, wenn die Vorräte im Keller nicht reichen. Wir haben einen Traktor, der die Heuernte erleichtert, und einen Spalter, mit dem man bergeweise Holz in ein paar Stunden kleinbekommt.

Für uns stehen unsere Kinder immer an erster Stelle, denn unser hartes Leben ist eine freie Entscheidung und keine Notwendigkeit. Ohne all diese modernen Hilfsmittel und Sicherheiten wüsste ich aber nicht, wie ich als liebende Mutter für meine Kinder rund um die Uhr da sein könnte. Unser Weg zwischen Tradition und Moderne ermöglicht es uns, alte Lebensweisen und neue pädagogische Ansichten miteinander zu verknüpfen und das Beste aus beiden Welten zu vereinen. Schlussendlich tun wir all das hier vor allem, weil wir unseren Kindern die schönste Kindheit bereiten wollen, die uns einfällt. Auf einem Hof zwischen Tieren, Großeltern und Geschwistern aufzuwachsen und trotzdem die ein oder andere Reise ans andere Ende der Welt erleben zu dürfen, halten wir für sehr erstrebenswert. Die Kinder lieben es, stundenlang durch das hohe Gras zu streifen, Blumen und Insekten zu entdecken, Waldtiere zu beobachten, alles über landwirtschaftliche Fahrzeuge zu lernen, und oft bin ich beeindruckt davon, wie viel beide schon wissen und verstehen. Neulich erst hat Oskar mir ganz selbstverständlich erklärt und gezeigt, wie man den Hubwagen in der Scheune bedient, Paletten damit auflädt und worauf man bei welcher Hebelstellung achten muss. Es war das erste Mal, dass mein dreijähriger Sohn mehr über ein Thema wusste und ein Gerät besser bedienen konnte als ich. Diese Erfahrung hat mir gezeigt, dass sich all das hier wirklich lohnt. Dass wir hier nicht nur gemeinsam leben, sondern auch alle gemeinsam lernen und wachsen. Natürlich hat man nie Gewissheit. Natürlich kann es sein, dass unsere Kinder uns später vorwerfen, da draußen in dem alten Haus sei alles ganz furchtbar gewesen. Aber wir geben unser Bestes, einen Mittelweg zwischen Ruhe und Abenteuer, Eingebundenheit und Abstand, Landleben und der großen weiten Welt, Selbstständigkeit und Behütung, Tradition und Moderne mit ihnen gemeinsam zu gehen.

Auch meine Mutter zog im Winter, wenn auch widerwillig, in das Zimmer im ersten Obergeschoss. Sie hatte es schon immer geliebt, Vollzeit im Wohnmobil zu wohnen, lenkte angesichts des langen deutschen Winters aber, genau wie wir, ein. Unter anderen Umständen wäre sie zum Überwintern auf die Kanaren gefahren, nun aber sah sie, wie viel Arbeit vor uns lag, und wollte uns bei Kindern, Tieren, Haushalt und Sanierung gerne unterstützen. Je mehr Menschen dieses Haus beherbergt, desto besser. In früheren

Jahrhunderten haben in diesem Haus, wie wir von den ehemaligen Besitzern erfuhren, bis zu zwanzig Kinder mit Eltern, Großeltern, Tanten und Onkeln gleichzeitig gelebt. Wenn ich an kalten Tagen durch die Zimmer und Flure wandle, ist es mir bis heute ein Rätsel, wie die Menschen früher ihr Leben hier draußen bestritten haben. Natürlich hat damals niemand nach den Sicherheitsstandards der Öfen gefragt, und man hat einfach verheizt, was gerade da war. Dennoch macht es eine Heidenarbeit, für all das mit der eigenen Muskelkraft zu sorgen. Es braucht nicht nur ein Dorf, um ein Kind großzuziehen, sondern auch eines, um auf einem baufälligen Hof ohne Heizung zu leben. Wir waren von Anfang an auf diesem Hof auf mehrere Menschen und Generationen angewiesen, die an einem Strang ziehen. Patricks Eltern und Geschwister, meine Schwester, Tanten, Onkel, Freunde und Bekannte.

Der Generationenhaushalt funktioniert bei uns gerade deshalb so gut, weil meine Mutter zu uns gezogen ist. Ganz entgegen der Tradition, dass die Kinder den Hof der Eltern irgendwann übernehmen. Auch das kann funktionieren, aber es bedarf noch intensiverer Arbeit am Sozialgefüge, wie ich glaube. Meine Mutter unterstützt uns einfach, wo sie kann. Gleichzeitig nutzt sie ihre Freiheit und macht ihr eigenes Ding, denn schlussendlich ist all das hier Patricks und meine Verantwortung. Sie redet uns nicht rein, hält nicht an alten Bildern oder Dingen, die »schon immer so gemacht werden« fest, sondern probiert sich jeden Tag selbst neu aus. Genau wie wir. Über die Zeit sind wir mit meiner Mutter, unseren Kindern und Tieren ein fabelhaftes Team geworden und dafür sind wir alle dankbar. Manchmal höre ich meiner eigenen Oma zu, die von ihren Erfahrungen im Krieg oder nach dem Krieg aus Mehrgenerationenhaushalten erzählt. Dann schaudert es mich. Es war nicht immer so schön und harmonisch, egal ob auf dem Dorf oder in der Stadt. Nicht umsonst ist »die böse Schwiegermutter« das traditionelle Feindbild in den alten Märchen. Meine Oma war nicht die einzige Frau, die unter der Fuchtel ihrer Schwiegermutter stand und leiden musste. Ein Dach, das mehrere Generationen beherbergt, kann Geschichten erzählen, dass einem die Ohren nur so klingeln. Heute machen wir uns einen Spaß daraus und ich sage oft lachend, dass die »Schwiegermutter meines Mannes« auch hier lebt. So klingt es immerhin traditioneller, als es ist.

Patrick fand in diesem ersten eisigen Winter noch eine weitere Methode, den trostlosen Grautönen zu trotzen. Auch sie ist bereits seit vielen Jahrhunderten gängig und beliebt, besonders auf den Höfen in kleinen Weilern fernab der Zivilisation, wo die kalte Jahreszeit besonders kalt ist und die Abende besonders lang sein können. Am 23. Dezember, einen Tag vor Weihnachten, fragten ihn ein paar Männer aus der Nachbarschaft, ob er helfen könne, den Weihnachtsmarkt in einem Städtchen unweit unseres Hofes abzubauen. So zog er am Tag vor Heiligabend mit einer Horde wild gewordener Kerle los, um 200 Christbäume und etliche Verkaufsstände und Fressbuden zu demontieren. Doch nicht nur die Motorsägen und Lieferfahrzeuge, die an diesem Tag im Einsatz waren, brauchten Unmengen an Sprit, um ihrer Aufgabe gerecht werden zu können ... davon aber wusste ich nichts. Patrick hatte von mir den Auftrag erhalten, noch einige Zutaten für das geplante Raclette an Weihnachten zu besorgen, wenn er schon in der Zivilisation unterwegs war. Das erste Weihnachtsfest als Familie auf dem eigenen Hof ist ein großer Tag, versteht sich. Am Abend gegen sieben Uhr, nach dem Abbau des Weihnachtsmarktes, waren wir zu Hause zum Essen verabredet. Kurz vor sieben schneite Patrick in die Küche, als ich gerade am Herd stand.

»Ich muss noch mal eben los, Hafer holen bei den Nachbarn«, rief er mir zu.

»Bei welchen Nachbarn?«, hakte ich nach.

»Vorn, der Hof an der Straße. Da hab ich nette Leute kennengelernt«, sagte Patrick.

»Wie schön!«, freute ich mich. »Nette Nachbarn kann man immer brauchen! Hast du alles bekommen im Laden?«, fragte ich.

»Bis gleich!«, rief Patrick. Und weg war er.

Ich wusste, wie wichtig das hier für ihn war. Für uns alle. So weit draußen auf dem Land sind Freunde und gute Nachbarschaften Gold wert. Menschen, auf die man sich verlassen kann. Menschen, die auch im Sturm Seite an Seite stehen und einfach tun, was zu tun ist, wenn Naturgewalten am Scheunendach rütteln, das Mähwerk in der Heusaison plötzlich streikt, der Jungbulle mit dem Dickkopf im Gatter festhängt und mit der Flex befreit werden muss, während man selbst übers Wochenende in den Urlaub gefahren ist, oder einfach mal die Eier für den Kuchen fehlen. Viele Probleme hier draußen kann man nicht allein lösen und das ist auch irgendwie ein Teil der wertvollen Verbundenheit, die das Landleben so echt und nahbar macht. Heute ist es für uns ein riesiges Geschenk, dass wir diese Verbundenheit leben dürfen. Dass wir hier draußen echte Kumpels und Freundinnen haben. Menschen, die da sind. Menschen, für die auch wir da sind. Egal, wo es gerade brennt. Patrick legte an diesem Abend den Grundstein dafür. Auf eine Art, die das Landleben anscheinend manchmal einfordert.

Als er ging, hatte ich irgendwie das Gefühl, er wankte. Aber so schnell, wie er gekommen war, war er auch schon wieder weg. Gegen acht Uhr begann ich mir Sorgen zu machen. Auf dem Handy war Patrick nicht zu erreichen. Um halb zehn hatte ich dann unseren Sohn, der an diesem Tag zu lange Mittagsschlaf gemacht hatte, endlich ins Bett gebracht und bat meine Mutter, in der Stube neben dem Schlafzimmer zu warten. Ich zog mich an, eilte vor die Tür und schnappte mir ein Fahrrad, um zu jenem Nachbarhof zu fahren, von dem Patrick gesprochen hatte. Ich machte mir riesige Sorgen. Wo war er? Was war passiert? Lag er womöglich verletzt im Wald? Schneeregen prasselte vom schwarzen Himmel, die Straßen waren glatt, ich zog mir die Kapuze über den Kopf, schwang mich auf den Sattel und fuhr los. Was, wenn ich ihn nicht finden würde? Ruft man in solchen Fällen bereits die Polizei? Klingelt man die Nachbarn aus den Betten und bittet sie um Mithilfe? Ich hoffte inständig, dass sich sein spurloses Verschwinden schnellstmöglich klären würde. Auf eine gute Weise …

Plötzlich klingelte mein Handy.

»Ich bin's. Also, wir brauchen hier noch 'ne Weile«, lallte Patrick ins Telefon.

»Willst du mich verarschen? Ich hab mir solche Sorgen gemacht! Wir haben den halben Abend mit dem Essen gewartet und ich bin gerade unterwegs, um dich zu suchen. Ich dachte, du liegst irgendwo verletzt im Wald oder so was! Das nervt, verdammt noch mal! Ist ja egal, wenn du nicht zum Essen kommst, aber gib einfach kurz Bescheid! Das tut nicht weh!«

»Ja, ich hatte keinen Empfang«, murmelte er.

»Ach, und außer dir besitzt niemand ein funktionierendes Telefon? Ich freue mich, dass du einen schönen Abend hast, aber gib mir einfach die Chance, das Gleiche haben zu können!«

»Ich … hab vergessen, dir Bescheid zu sagen.«

»Ich geh ins Bett. Tschüss!«, motzte ich, legte auf, stieg vom Fahrrad und tapste wütend, aber insgeheim auch erleichtert zurück ins Haus. Ich konnte nicht fassen, dass mir in den letzten beiden Stunden, hochschwanger und mit einem Kleinkind zu Hause, mindestens fünf Sorgenfalten gewachsen waren, nur weil

Patricks Standby-Modus so wahnsinnig gut intakt zu sein schien, wenn genügend Sprit im Tank war. Wann er letztendlich nach Hause kam, weiß ich nicht mehr. Ganz sicher aber ist, dass seine Integrationsversuche in der neuen Heimat Früchte getragen haben.

Am 24. Dezember gab es – wenig überraschend – kein Raclette. Patrick hatte ohnehin Schwierigkeiten damit, irgendwelche Lebensmittel bei sich zu behalten, und am Morgen schon mehrere Male Bekanntschaft mit der Kloschüssel gemacht. Das größere Problem war allerdings, dass er die Weihnachtseinkäufe gemeinsam mit seiner Fähigkeit, kurze Anrufe zu tätigen, am Vorabend aus sämtlichen Programmen seiner Festplatte gelöscht hatte. Der Kühlschrank glänzte ebenfalls mit gähnender Leere und nachdem ich am Abend zuvor umsonst für uns alle gekocht hatte, war ich nicht mehr in der Stimmung, ein schönes, provisorisches Weihnachtsessen aus den letzten Resten zu zaubern. Schließlich fuhren wir zum Dönerladen. Zwanzig Kilometer weit. Da ist der Heilige Abend immerhin genauso wenig heilig, wie er sich in diesem Jahr bei uns zwischen verkatertem Familienvater und geplünderten Vorräten anfühlte. Patrick, der mit seiner Aktion am vorigen Abend unter Beweis gestellt hatte, dass er der geborene Lausbub vom Land war, konnte inzwischen immerhin wieder aufrecht gehen. Meine Mutter schmückte zu Hause den Weihnachtsbaum mit Wunderkerzen und deckte den Tisch, solange wir unterwegs waren, um Essen zu besorgen.

Als wir zurückkehrten und Oskar in die Stube durfte, funkelte ihm ein Baum entgegen, es roch nach Räuchermännchen und weihnachtliche Lieder drangen an unsere Ohren. Oskar war so verzaubert, wie ich ihn selten zuvor erlebt hatte, und die Magie des Heiligabends umgarnte uns mit einem Mal doch noch. Pizza, Döner, Pommes und Baklava schmeckten wunderbar und anstatt zu Weihnachten stundenlang in der Küche zu stehen, genossen wir die gemeinsame Zeit, spielten Spiele, sangen Lieder, packten Geschenke aus und lachten über die Ereignisse des gestrigen Tages. Schlussendlich war der Heilige Abend mit Leckereien aus der Dönerbude so schön und besonders, dass wir überlegten, eine neue Tradition einzuführen und von da an zu jedem Weihnachtsfest Döner zu holen. Wenn man die Nachbarjungs fragt, taugt das Abendprogramm am 23. Dezember ebenfalls zu einer neuen Tradition. Bei diesem Vorstellung jedoch wird Patrick ganz flau in der Magengegend.

Für mich sind traditionelle Feste und Bräuche die pure Faszination. Ebenso die dazugehörigen Dialekte, Kleidungsstücke und Accessoires. Ich liebe alte Geschichten, die ihren Ursprung in einer Zeit haben, von der wir nur leise ahnen können, wie sie wirklich war. Hier in Europa finden wir so viele Relikte aus der Vergangenheit. Burgen, Schlösser, Traditionen. Unsere Kultur ist reich an alten Sagen und Legenden. Gleichzeitig haben wir immer schon nach vorn geschaut. Wir leben auf unserem Hof in vielen Bereichen ein recht traditionell anmutendes Leben – ich stehe in der Küche, Patrick in der Scheune – und gehen doch in fast allen Bereichen des Lebens eigene, innovative Wege. Wir denken einfach gerne eigenständig. Die Heiligen drei Könige an der Krippe, die ich aus der Wolle unserer Schafe gefilzt habe, zum Beispiel, sind nicht Melchior, Balthasar und wie der Letzte im Bunde noch mal hieß, sondern drei anmutige Damen, die Maria, die in dieser Geschichte meiner Meinung nach die wichtigste Rolle spielt, bei der Geburt ihres Sohnes begleiten. Da braucht es keine drei Könige, die Geschenke bringen, mit denen eine Frau im Wochenbett nichts, aber auch gar nichts anfangen kann. Drei Kerle, die bei der Geburt mit gefalteten Händen herumstehen und nicht wissen, was zu tun ist. Natürlich können auch Männer adäquate Geburtshelfer sein. Das steht außer Frage. Wenn neues Leben auf die Welt kommt, wenn sich ein Zyklus dem Ende zuneigt, eine Schwangerschaft ihren Höhepunkt erreicht hat und die Zeit des neuen Lebens, des Lichtes, der Sonnenwende gekommen ist, sind, wie ich finde, aber vor allem die Frauen gefragt. Sie haben alles dabei, was es braucht, um ein neues Leben in die Welt zu bringen. Die männliche Energie spielt eine ebenso wichtige Rolle für die Lebendigkeit auf dieser Erde wie die weibliche. Speziell die Weihnachtsgeschichte jedoch handelt am Ende von einer Geburt, und da dürfen Hebamme, Doula und Co. mit ihrer weiblichen Kraft und Intuition nun mal nicht fehlen. Geburt ist und bleibt blutrünstig und schmerzhaft, und meiner Erfahrung nach steckt die Kraft, das selbstwirksam zu bewältigen, in der weiblichen Energie. Ich mag die Traditionen rund um Weihnachten, aber ich nehme nicht alles ungefragt an, was wir traditionellerweise im europäischen Raum so weitergeben. Die Weihnachtszeit und das neue Jahr sind bei uns auch eng verknüpft mit den Raunächten. Sie stehen ebenfalls für das Ende eines Zyklus und den Beginn einer neuen Zeit. In der vorchristlichen Welt ging es zum Jahreswechsel um Licht und Leben, und darauf bauen wir auf. Vielleicht ab jetzt mit dem ein oder anderen Döner auf der weihnachtlichen Tafel, denn der kommt, wie die drei heiligen Damen, immerhin aus dem Morgenland. Dort, wo ein neuer Morgen beginnt.

Ich glaube, in modernen Zeiten wie unseren geht es weder darum, krampfhaft innovativ und cool zu sein, noch sollten wir uns an Althergebrachtem festklammern. Ich finde es unendlich wichtig, Ehrfurcht und Respekt vor Tradition, Bräuchen, Sitten und Glaubensfragen zu hegen. Gleichzeitig sollten wir uns immer wieder eigenständig positionieren auf unserem individuellen Weg.

7
Von Pandabären und anderen Bauernhofbewohnern

Wie wir alles unter einen Hut bekommen

Das neue Licht, das neue Leben, welches auf die Erde kommt und welches wir jedes Jahr rund um Weihnachten feiern, hielt bei uns im ersten Winter tatsächlich in mannigfaltiger Form Einzug. Ich vermute mal, dass dieses 500 Jahre alte Haus in der Vergangenheit schon so manche stürmischen Momente voller Leben überstanden hat. Kinderreich waren die abgeschiedenen Höfe in früheren Zeiten auf jeden Fall oft gewesen. Als wir den Hof kauften, war er allerdings in einen Dornröschenschlaf gefallen, aus dem wir ihn nun wieder weckten. Etwa fünf Jahre lang waren Haus und Scheune komplett verwaist gewesen, und bei den Entrümpelungsaktionen der vergangenen Monate hatten wir feststellen müssen, dass nichts, aber auch gar nichts an Leben übrig geblieben war. Die letzten Mäuse waren mit Sicherheit im zweiten oder dritten Jahr des Leerstandes empört ausgezogen, als sie feststellen mussten, dass ihnen niemand mehr den Ofen einheizte und in Küche und Keller auch keine Essensreste mehr auffindbar waren. Bis auf die wenigen Spinnen war im ganzen Haus zunächst absolut tote Hose gewesen. Kein Leben weit und breit. Das änderte sich allerdings schnell, als wir uns entschieden, vor dem Winter provisorisch ins Haus einzuziehen. Natürlich sprach sich diese Neuigkeit nicht nur in der digitalen und analogen Welt herum, sondern auch im Mäuseuniversum. Einige Wochen nach unserem Einzug, grüßte fast täglich ein spitzes Näschen in der Küche oder der Stube und huschte in Windeseile zurück in irgendeine Ecke. Wir hatten zwar die meisten Löcher mit Mörtel zugeschmiert, aber in einem so alten Haus ist das letzte Mauseloch so schwer zu finden wie die Nadel im Heuhaufen. Und wir mochten es belebt. Allerdings war es uns ein Anliegen, unsere Mitbewohner selbst wählen zu können. Das taten wir dann auch.

Kurz vor Weihnachten, in der schönen Adventszeit, zog ein junger schwarzer Kater bei uns ein. Wir bekamen ihn von Freunden, die für ihre Katzenbabys noch ein Zuhause suchten. Zu jedem anständigen Hof gehört auch eine Katze, dachte ich mir, und schon Wochen vorher war ich gespannt wie ein Flitzebogen. Katzen sind furchtbar eigensinnige Tiere und lassen sich kaum erziehen. Mit unserem Hund Ole haben wir einen guten Fang gemacht und meistens macht er uns große Freude. Wie aber würde dieser Kater sich hier einfügen? Er wäre nicht der erste Kater, der aufgrund seiner majestätischen Ahnenlinie das Gefühl hat, die Welt gehöre ihm und sein menschliches Fußvolk sei es ihm deshalb schuldig, für Futter und eine warme Ofenbank zu sorgen, auf der er tunlichst nicht gestört werden wollte. Ansonsten könnte man sich als Kater noch dazu genötigt fühlen, die scharfen Krallen auszufahren und empört davonzuhuschen. Ich hoffte inständig auf ein zugängliches Tier, das Kinder mochte und außerdem Mäuse jagte. Im Prinzip waren meine heimlichen Anforderungen an den Charakter des Katers so hoch, dass er ihnen wohl kaum gerecht werden konnte.

Eines Tages im Dezember kam Patricks Vater zu Besuch und im Gepäck hatte er den Katzenkorb mit dem kleinen schwarzen Wesen darin. Als er ankam, waren meine Mutter und ich gerade mit Kind unten im Dorf für ein paar Erledigungen. Patrick schrieb mir eine Nachricht, dass der Kater nun in der Stube sei und er und sein Vater im Wald noch Arbeit hätten. Für Patrick war der Einzug des Katers nicht halb so spannend wie für mich. Das Tier sollte Mäuse jagen und sich ansonsten nicht danebenbenehmen. In der Stube hatten Kater seiner Meinung nach im Grunde auch rein gar nichts zu suchen, aber irgendwo musste er ja die ersten Tage verbringen, bis wir ihn rauslassen konnten. In Patricks Kindheit auf dem Hof hatte es bis zu 24 Katzen auf einmal gegeben. Ins Haus kommen, auf der Ofenbank liegen und kuscheln war da natürlich undenkbar. Ich hingegen war mit genau einer Katze und einem Hund aufgewachsen und hatte, wenn ich krank war, tagelang mit dieser Katze das Sofa geteilt, ihr Geschichten erzählt und ihrem gleichmäßigen Schnurren gelauscht. Für mich waren Katzen kein Mittel zum Zweck, sondern Freunde der Familie. Es würde sich aber letztendlich von selbst ergeben, wie der neue Kater sich einfügen würde.

Wir räumten die Einkäufe in die Schränke in der Speisekammer und dann schlichen meine Mutter, Oskar und ich zur Stubentür. Vorsichtig drückte ich die Klinke herunter und wir schlichen hinein. Außer dem geöffneten, leeren Katzenkorb war nichts Ungewöhnliches zu sehen. Wir setzten uns auf den Teppich und warteten einen Moment. Und da kam er: ein kleiner, flauschiger schwarzer Kater mit gelben, wachen Augen und tapsigen Pfoten. Er kam direkt auf uns zu, beschnupperte meine Hand und wollte gestreichelt werden. Mein Herz hüpfte. Das Tier hätte nach dem verstörenden Umzug im Katzenkorb genauso gut für den Rest des Tages in absoluter Schockstarre in irgendeiner Ecke verschwinden können. Oskar klammerte sich zuerst an mir fest, schon nach kurzer Zeit jedoch traute auch er sich, mit dem kleinen, zutraulichen Kater auf Tuchfühlung zu gehen. Er war es. Genau der

Kater, den ich mir erhofft hatte. Das wusste ich von der ersten Sekunde an.

»Er braucht einen Namen«, sagte ich grinsend.

»Mach doch ’ne Umfrage auf Instagram. Da kommen sicher spannende Ideen«, lachte meine Mutter, während sie dem schnurrenden kleinen Tier, das sich fest an ihre Beine schmiegte, die Ohren kraulte. Ich fand die Idee großartig. Der kleine Kater sprang auf das Sofa und streckte sich behaglich aus, so als ob er nie irgendwo anders gewesen wäre. Ich zückte mein Handy, um einen kleinen Film unseres neuen Hofbewohners für die Umfrage zu machen. In diesem Moment kam Oskar mit seinem Teddybär in der Hand dazu. Zu dieser Zeit kannte er sich im Tierreich noch nicht so gut aus und konnte Teddybären nicht von Eisbären, Braunbären oder Blaubeeren unterscheiden. Oskar hüpfte mit seinem Teddy auf das Sofa und direkt auf den Kater zu:

»Pandabär! Hallo, Pandabär!«, giggelte er, während sein Teddy aka Pandabär den kleinen Kater begrüßte.

Etwas später lud ich das Video vom schwarzen Kater, dem Teddy und Oskars Stimme in meinen Storys hoch. Dazu einen Fragensticker, in den die Follower schreiben konnten, wie sie den kleinen Kater nennen würden. Fast ausschließlich eine Antwort stand da, mit der ich gar nicht gerechnet hatte (denn Oskar hatte ja den Bären gemeint und nicht den Kater): »Pandabär«. Und so war es dann.

Unser kleiner schwarzer Pandabär lebte sich gut ein. Einmal musste er den stürmischen Ole an der Schnauze blutig kratzen und ein paarmal pinkelte er in irgendeine Ecke des Hauses, die dafür nicht vorgesehen war. Dennoch war Pandabär von der ersten Sekunde an Teil unserer Crew und wurde nach den anfänglichen Startschwierigkeiten schnell Oles bester Freund. Wer die Hobbys fressen, schlafen und kuscheln teilt, versteht sich auch, ohne dieselbe Sprache zu sprechen. Pandabär passte so gut zu uns, dass ich des Öfteren kaum glauben konnte, welch ein Glück wir mit diesem Kater hatten. Er war ein guter Jäger und obendrein ein so guter Kuschler, dass selbst Patrick ihn ab und an nicht von seinem Schoß verjagen konnte, sondern ergeben anfing, ihm den schwarzen Pelz zu kraulen. Die Mäuse besuchten uns von nun an ebenfalls weniger regelmäßig. Dafür schleppte Pandabär ab und an ein halb lebendiges Mäuschen ins Haus, um es als Zeichen seiner Zuneigung direkt vor unserem Schlafzelt zu platzieren.

Für noch mehr Lebendigkeit um den Hof herum sorgten die Schafe, die wir beim ersten Schneeeinbruch in den neu gebauten Stall holten. Schon im Bauwagen hatte ich es geliebt, wenn die Schafe im Winter im Offenstall neben dem Wagen wohnten. Das morgendliche Blöken, der Duft der Wolle und die friedliche Stimmung, wenn die Tiere nach ihren Heumahlzeiten auf dem Boden lagen und in aller Seelenruhe wiederkäuten, waren einfach beruhigend. Ich hatte jedoch darauf bestanden, im ersten Winter am eigenen Hof auf Lämmer zu verzichten. Schließlich war ich selbst hochschwanger, und im Februar sollte unser Kind auf die Welt kommen. Das war genug an Aufregung für uns. *Eine* Hausgeburt in diesem ersten Winter dürfte wohl reichen.

Patrick hatte allerdings noch einen weiteren Wunsch, den er schon lange heimlich hegte: Dexter, eine Rinderrasse, die im 18. Jahrhundert in Irland entstanden ist. Das Besondere an diesen Rindern ist ihre Größe. Sie gehören zu den kleinsten Rindern der Welt und wurden gezüchtet, um als Selbstversorgerkuh in irischen Hungersnöten für Fleisch und Milch zu sorgen. Sie gaben gerade so viel, dass es für eine Familie genügte. Dexter-Rinder sind meist schwarz oder braun und haben lange, spitze Hörner, die von ihrer

Körpergröße ablenken. Wunderschöne Tiere, die durch ihr geringes Gewicht weniger Trittschäden auf den Flächen verursachen und zudem das einzige Weidevieh sind, welches das invasive japanische Springkraut frisst. Obwohl sie so klein sind, sind es vollwertige Rinder, die jedes Jahr einige Tonnen an Futter vernichten, um auf ihre rund 300 bis 500 Kilo Körpergewicht zu kommen.

Mir persönlich kam die Herausforderung mit den Kühen ziemlich groß vor. Egal, wie klein die Tiere waren. Kuh war noch immer Kuh und auch ein Dexter-Bulle ist ein nicht zu unterschätzender Zeitgenosse, wenn er schlechte Laune bekommt. Und ich hatte nicht wie Patrick von Kindheit an ein selbstverständliches Verhältnis zu Hoftieren gepflegt. Es hatte vier Jahre gedauert, bis unsere Schafe kein Buch mit sieben Siegeln mehr für mich waren, und ich wollte mich an unsere größere Herde mit 17 ausgewachsenen Tieren erst einmal gewöhnen, bevor Kühe, welcher Art auch immer, Einzug bei uns hielten. Ich konnte inzwischen endlich behaupten, so etwas wie »Ahnung« von Schafen zu haben, auch wenn mich jeder erfahrene Wanderschäfer nur mit einer schief hochgezogenen Braue beäugen würde. Ich war zufrieden mit meinen Fähigkeiten und meinem Wissen als Schafbäuerin und freute mich darauf, die nächsten Jahre noch mehr über diese Tiere zu lernen. Von Kühen verstand ich in etwa so viel wie ein Känguru vom Windbeutelbacken. Außer beim Wandern in den Alpen konnte ich keine persönlichen Begegnungen mit Kühen vorweisen und schon gar keinen Erfahrungsschatz aus irgendeiner verstaubten Kiste meiner Vergangenheit auspacken. Gleichzeitig war es in meinem Leben schon immer so gewesen, dass ich gerade jene Dinge, von denen ich keinen blassen Schimmer hatte, spannend fand. Kühe sind ein Sinnbild der Landwirtschaft und in irgendeinem entlegenen Winkel meines Herzens spürte ich den Wunsch, ihnen näherzukommen. Der Gedanke, vielleicht eines

Tages Butter und Sahne aus der eigenen Milch zu machen, reizte mich extrem.

Einige Wochen später hatte Patrick mich dann auch überzeugt. Was soll's, dachte ich mir. Mit Schafen hatte ich mich auch nicht ausgekannt. Nun fühlte ich mich sicher im Umgang mit ihnen, wusste, was sie brauchten, und konnte ihre Körpersprache deuten. Und auch in die Selbstversorgung mit Bauerngarten waren wir erst mit der Zeit hineingewachsen. Wir hatten erst drei Jahre zuvor damit begonnen, als Patricks ältere Geschwister auf ihre eigenen Höfe gezogen waren und niemand mehr für den Bauerngarten auf dem Hof der Eltern zuständig war. So viele Fehler haben wir in den ersten Jahren gemacht, bis wir Salatanzucht, Tomatenpflege und das Einkochen von Bohnen und Apfelmus einigermaßen beherrschten. Inzwischen wussten wir immer besser, was wir taten. Ebenso auf dem Bau. Patrick war zwar gelernter Zimmerer und hatte Architektur studiert, von Bereichen wie Elektrik, Sanitär oder Schweißerarbeiten hatte er allerdings nur einen Plan, weil er sich in alle Themen aus eigenem Antrieb hineingearbeitet hatte. Warum also nicht auch so bei den Dextern? Wir waren keine Kuhbauern. Aber was nicht ist, kann bekanntlich noch werden. »Aber erst mal bekommen wir dieses Kind. Dann können wir über Kühe sprechen!«, sagte ich zu Patrick und deutete auf meinen inzwischen ansehnlich runden Bauch.

Mitte Januar war es so weit. Unsere Tochter Jolanda kam zur Welt. Wir hatten zum Glück eine wunderbare Hausgeburtshebamme, die uns während der ganzen Schwangerschaft begleitet und ermutigt hatte. Schlussendlich lief die Geburt jedoch ganz anders, als wir es uns erhofft hatten. Von ganzem Herzen hatten wir uns nichts sehnlicher gewünscht als eine Geburt auf natürlichem Wege. Ob zu Hause oder im Krankenhaus. Hauptsache, aus eigener Kraft. Doch die Hebamme hatte in den letzten Wochen der Schwangerschaft Anzeichen für eine sich bildende Präeklampsie, eine Schwangerschaftsvergiftung, festgestellt. Nach einem ihrer regelmäßigen Hausbesuche schickte sie uns dann zur Kontrolle ins Krankenhaus. Dort entschied man sich, unsere Tochter sofort per Kaiserschnitt zu holen. Im Anschluss wurde sie direkt in eine andere Stadt gebracht, zur Sicherheit, weil sie recht klein war und früher geholt worden war. Ich hatte kaum eine Chance, sie in den ersten Stunden bei mir zu haben. Als ich Jolanda im anderen Krankenhaus dann endlich wieder in den Armen halten konnte, mussten wir noch einige Tage gemeinsam auf der Intensivstation verbringen. Das war eine enorm herausfordernde Zeit für uns als Familie, auch schon die letzten Wochen der Schwangerschaft hatten uns sehr viel Kraft geraubt, und nun auch noch der Kaiserschnitt und die schnelle Trennung nach dem Eingriff. Aber alles, was nach unseren Erlebnissen rund um die Geburt zählte, war, dass wir lebten. Dass wir letztendlich gemeinsam das Krankenhaus verlassen konnten. Dass ich unser Kind stillen konnte, sie endlich bei mir hatte und zu Hause selbstbestimmt mit ihr in ein neues Familienkapitel starten konnte.

Wir waren unendlich dankbar für die Freiheit, die wir uns erarbeitet hatten mit unserem Hof am gefühlten Rand der Welt, und versuchten nach der Zeit im Krankenhaus wieder zu uns selbst zu finden. Dabei half uns der Fokus auf einen natürlichen und intuitiven Umgang untereinander, mit den Kindern und Tieren. Ich hatte so sehr gehofft, die Erfahrungen der ersten Geburt mit einer zweiten »heilen« zu können. Aber es war ein anderer Weg für mich bestimmt. Nicht »heilen in einer schönen Geburtserfahrung« war das Motto, sondern »meine Erfahrung so annehmen, wie sie war«. Im Annehmen, so glaube ich heute, liegt die größte Kraft. So packte ich unsere Tochter in Stoffwindeln, trug sie am

Körper und stillte sie nach Bedarf. Schritt für Schritt erholten wir uns von den Strapazen der vorausgegangenen Wochen. Ich bin dankbar für die medizinischen Möglichkeiten der heutigen Zeit und unser Privileg, Zugang dazu zu haben. Trotzdem bleibt die Trauer darüber, wie die Geburt unserer Tochter ablaufen musste. Doch auch wenn unser großer Traum von einer Hausgeburt auf dem eigenen Hof wie mit einem Orkan in weite Ferne gefegt worden war, sollte in diesem Winter noch ein ganz besonderes Ereignis stattfinden. Das Wunder der Geburt sollte uns erneut begegnen und auf völlig unerwartete Weise verzaubern.

Als unsere kleine Tochter ein paar Wochen alt war, fuhren wir alle zusammen mit unserem Lkw in den Schwarzwald. Bereits zweimal hatten wir die Strecke alle gemeinsam zurückgelegt, um uns den Dexter-Rindern zu nähern. Über einen Beitrag in unserer Instagram-Story hatten wir einen Betrieb in der Nähe gefunden, der auf die Zucht von Dextern spezialisiert war. Alles war bereits eingetütet. Heute würden wir sie mitnehmen. Drei wunderschöne braune Kühe, die nun ein neues Zuhause auf unserem Hof finden würden. Da die Schafe in dem Jahr keine Lämmer bekamen, hatten wir sie Ende Februar wieder aus dem Stall ausquartiert und ihnen einen Unterstand und Futterraufen auf der Weide eingerichtet. Schafe sind robuste Tiere und können in den milden deutschen Wintern im Grunde ganzjährig draußen leben. Das größte Problem sind nicht die Temperaturen, sondern die matschigen Wiesen, die die Klauengesundheit gefährden und es teilweise fast unmöglich machen, Heu auf den Weiden zuzufüttern. Der Frühling war jedoch nicht mehr allzu weit entfernt und die Schafe fanden ein trockenes Plätzchen unter einem 200 Jahre alten Anhänger, den Patrick in der Scheune gefunden und zu einem Schafunterstand umgebaut hatte.

Den neuen Offenstall, den wir für die Schafe gebaut hatten, hatte Patrick kurzerhand kuhtauglich gemacht. Zwischen Scheune und Wohnhaus befand sich der alte Kuhstall, in welchem wir nach heutigen Standards hinsichtlich Licht und Platz keine Kühe mehr halten wollten. Patrick hatte eines der alten Fressgitter herausgeflext und so umgebaut, dass es gemeinsam mit einer Futterraufe aus Holz im Offenstall neue Verwendung fand. Wir hatten eine große Tränke installiert, den Boden schön dick mit Heu eingestreut und die kleinen Gatter der Schafe mit Holzlatten erhöht. Alles war bereit für die drei Dexter-Damen, die nun bei uns einziehen würden.

Für den Transport liehen wir den Viehanhänger des Züchters. Beim Verladen war die Aufregung groß, denn die Tiere wussten nicht, was von ihnen gefordert war. Patrick und der Züchter, ein sehr freundlicher Mann mit einem großen Wissensschatz rund um diese besondere Rasse, bewaffneten sich mit großen Gittern und trieben die drei Kühe durch einen schmalen Gang aus weiteren Gittern in den Anhänger. Klappe zu und Abfahrt. Nun hatten wir die drei behornten Geschöpfe also tatsächlich an der Backe. Fennel, die älteste Kuh, war ein Originalimport aus Irland. Mit ihr kam Freni, ihre Tochter. Dazu die kleine Frieda, sozusagen die Enkelin. Fennel, die Oma, trug außerdem ein Kalb im Bauch, das in den nächsten Wochen das Licht der Welt erblicken sollte. In der Zucht vergibt man die Namen einer Familienlinie immer mit demselben Anfangsbuchstaben, um den Überblick bei den Abstammungen zu behalten. Bei uns hieß das Motto nun also »F«. Natürlich hatten wir in den letzten Wochen endlos viel über Kühe recherchiert, gelesen und Videos angesehen. Dennoch fehlte uns jegliche praktische Erfahrung im Umgang mit diesen Tieren und so teilten sich Freude und Aufregung ihren Platz in unseren Herzen, als wir mit dem großen Lkw und dem beinahe noch größeren Viehanhänger hintendran die weite Strecke heimwärts antraten.

Unsere Herangehensweise war noch aus einem weiteren Grund extrem mutig, wie ich heute sagen kann. Wir wagten es nicht nur, uns Kühe zuzulegen, ohne jemals mit diesen Tieren gearbeitet zu haben. Auch teilten wir unsere Unerfahrenheit offen mit mehreren Hunderttausend Menschen im Internet. Ich glaube, um ehrlich zu sein, dieser Aspekt sorgte wahrscheinlich für die größte Anspannung. Für sich selbst im Privaten einen Fehler zu machen, daraus zu lernen und sich zu verzeihen, ist eine Sache. Die eigenen Schwächen und die eigene Unwissenheit offen und unvoreingenommen mit so vielen Menschen zu teilen, ist eine andere Sache. Vor allem, wenn Lebewesen involviert sind. Oder auch so etwas wie landwirtschaftlicher Stolz, den man mit einer kleinen Nebenerwerbslandwirtschaft ohne entsprechendes Studium manchmal verletzt, ohne es zu wollen. Als Content Creator braucht es Mut. Viel Mut. Das Internet ist voll von unterschiedlichen Meinungen, Einigkeit besteht selten. Sich diesem Sturm an Kommentaren und Nachrichten auszusetzen ist bisweilen ein Kraftakt. Die meisten Menschen meinen es gut. Aber auch ungefragte Ratschläge sind Schläge, wenn sie zu Hunderten in Privatnachrichten und Kommentaren auf einen niederprasseln. Und wir Creator bekommen eigentlich alle mehr davon, als uns lieb ist. Ich bin so dankbar für all die Menschen, die uns unterstützen, warmherzig schreiben und die Daumen fest gedrückt halten, egal was wir vorhaben. Als Creator muss man dennoch lernen, die Weltanschauung anderer Menschen nicht als persönlichen Angriff zu verstehen und die Follower gleichzeitig auch nicht von etwas Bestimmtem überzeugen zu wollen. Tipps, Ratschläge, Anmerkungen und Warnungen sollte man ebenfalls nicht persönlich nehmen. Die meisten Nachrichten haben im Grunde nämlich mehr mit dem Menschen zu tun, der sie schreibt, als mit der Realität, in der wir als Creator uns befinden. Wenn es um Landwirtschaft, Tiere, Kinder oder die Umwelt geht, braucht man ein besonders dickes Fell. Zum Beispiel bekamen wir zu Anfang immer wieder Nachrichten, warum unsere Kühe »knietief in ihrer eigenen Sch…« leben müssen. Es ist jedoch so, dass die Kühe sich ihren Liegeplatz selbst wählen können und auch auf einer offenen Weide mit Stallzugang wählen sie den Berg aus Sch…, legen sich ganz obendrauf und käuen gemütlich wider, bevor sie zurück auf die Wiese trotten, um weiterzugrasen. Sie mögen den weichen Berg aus Kuhmist, der sich über den Winter in jedem Stall türmt. Die empörten Nachrichten kamen von unerfahrenen Menschen, die selbst noch nie eine Kuh aus der Nähe gesehen haben. Ich kann nicht allen antworten, denn es sind viele Hunderte Nachrichten jeden Tag. Deswegen habe ich mich dazu entschlossen, vorzugsweise den Menschen meine Energie zu schenken, die an unserer Seite sind, und herzlichen oder zumindest interessiert Fragenden meine Zeit zu widmen. So bleibt zwar die Unwissenheit derer bestehen, die sich lieber beschweren und anklagen, es liegt jedoch nicht in meiner Macht, jeden aufzuklären und das lohnt sich auch nicht.

Ich glaube, dass Patrick und ich in den letzten Jahren nicht zuletzt deshalb so viel gemeinsam erreicht haben, weil wir uns bei all den verschiedenen Rückmeldungen, die wir bekommen haben, immer treu geblieben sind. Schlussendlich müssen wir uns nach der eigenen Intuition richten, denn wer so vielen gegensätzlichen Ansichten ausgesetzt ist, merkt schnell, dass es keine einzig wahre Wahrheit gibt. Was uns bleibt, sind die Entscheidungen, die wir eigenmächtig und vor allem eigenverantwortlich fällen und deren Konsequenzen wir selbst bereit sind zu tragen. Es gibt keine Garantien auf der Welt. Für nichts. Egal wie viele Ratschläge und

Kommentare die Welt für uns bereithält. Jeder von uns ist für sich selbst verantwortlich, unabhängig davon, was Arbeitskolleginnen, Freunde und Freundinnen, Familienmitglieder oder Follower sagen. Im Leben geht es immer darum, eigene Wege zu gehen. Aus eigenen Erfahrungen zu lernen. Irgendjemand wird es ohnehin immer »besser« wissen. Egal ob im direkten oder analogen Umgang oder im Netz.

Wir wussten nicht, wohin die Reise mit den Dextern führen würde, aber wir hatten sie angetreten. Wir waren unterwegs. Irgendwo im Schwarzwald mit unserem Lkw und einem überdimensionalen Viehanhänger im Schlepptau. Patricks Schwester ist gelernte Landwirtin und als wir nach zwei Stunden Fahrt auf unserem Hof ankamen, unterstützte sie uns beim Ausladen der Kühe vom Hänger in den neuen Stall. Alles Unbekannte ist für Kühe erst einmal ein rotes Tuch, aber die Damen machten ihre Sache gut. Mit Latten und Schafgattern bauten wir einen Gang und Patrick öffnete die Laderampe des Anhängers. Langsam und ruhig trieb er die Kühe hinunter in ihr neues Domizil. Als endlich die Stalltür zu war und die Kühe begannen, am frischen Heu herumzumümmeln, atmeten wir auf. Nun würden wir genügend Zeit haben, uns aneinander zu gewöhnen.

In den nächsten Wochen besuchten wir die Kühe fast täglich in ihrem Stall. Die drei waren Körperkontakt zum Menschen nicht gewohnt und muhten uns an oder kamen mit ihren ausladenden Hörnern auf uns zugelaufen, sodass wir uns ein paarmal mit einem großen Satz aus dem Stall über die Absperrgitter retten mussten. Kühe sind keine Schafe. Das stellten wir schnell fest. Sie sprechen eine völlig andere Sprache. Die Idee, sie ein wenig zu melken, um frische Milch für unseren Kaffee zu haben, mussten wir schnell verwerfen. Womöglich würde sich unser Verhältnis über die Zeit ändern. Für den Anfang jedoch machten uns die neuen Hofmitbewohnerinnen unmissverständlich klar, dass sie noch nicht sehr viel Begeisterung für uns Menschen übrighatten.

Eines Nachts im März stand meine Mutter plötzlich mit der Taschenlampe vor unserem Safarizelt im Schlafzimmer. »Es ist so weit«, flüsterte sie. Von ihrem Zimmer im ersten Obergeschoss hatte sie spät am Abend im Stall seltsame Geräusche vernommen und hatte nach dem Rechten geschaut. Ich wusste sofort, wovon sie sprach. Vorsichtig schälte ich mich aus der Bettdecke und hoffte, dass die kleine Jolanda weiterschlafen würde. Patrick ließ sich nicht wecken. Ich warf mir einen dicken Mantel über und schlich meiner Mutter hinterher zum Stall. Fennel, die trächtige Kuh, stand in der hinteren Ecke des Stalls. Im Schein der Taschenlampe konnten wir einen schwarzen, mächtigen Kopf erkennen, der sich gerade durch den Geburtskanal in Richtung Freiheit zu drängen versuchte. Ein paar kräftige Wehen später war es da: Ein schwarzes schmieriges Kalb lag im nächtlichen Stroh. Auch die Nachgeburt kam einige Momente später ohne Komplikationen hinterher. Ich war so froh und dankbar, dass wir diesen Moment hatten miterleben dürfen. Noch dankbarer war ich allerdings, dass alles ganz reibungslos und auf natürliche Weise vonstattengegangen war. So kurz nach der Geburt meiner eigenen Tochter als unerfahrenste Kuhbäuerin der Welt Geburtshilfe leisten zu müssen bei Kühen, die mich kaum kannten oder gar akzeptierten, hätte mich maßlos überfordert.

Am nächsten Tag separierten wir die Mutterkuh mit einem großen Gatter von ihrem Kalb, um zu sehen, ob es ihm gut ging, und um das Geschlecht bestimmen zu können. Außerdem tackerten wir ihm mit Unterstützung von Patricks Schwester seine Marken in die Ohren. Fennel fand das alles gar nicht amüsant. Sie scharrte aggressiv mit den Hufen, senkte den Kopf und versuchte, mit ihren Hörnern irgendetwas gegen uns Eindringlinge zu unternehmen. Nach ein paar Minuten jedoch ließen wir den kleinen Bullen mit dem neuen Ohrschmuck wieder frei. In den ersten Tagen liegen Kälber die meiste Zeit. Zwar können sie schon kurz nach der Geburt auf eigenen Beinen stehen, brauchen aber noch viel Ruhe und Erholung, um auf dieser Erde wirklich anzukommen. Der kleine schwarze Bulle schien sich farblich an Ole und Pandabär angepasst zu haben, und unser Hofstaat war wieder um ein schwarzes männliches Tier gewachsen.

Wie schon bei Pandabär wollten wir bei der Namensgebung des Bullen die Follower teilhaben lassen. Lebewesen einen geeigneten Namen zu geben, ist gar nicht so leicht, gleichzeitig aber ungemein spaßig. Da der schwarze Bulle Fennels Kalb war, musste auch er natürlich einen Namen mit »F« erhalten. »Fridolin« und »Ferdinand« waren die beiden Spitzenreiter unter den Namensvorschlägen in meiner Instagram-Story. Beides jedoch fand ich angesichts unserer Ziegenböcke Einstein und Kopernikus und unseres Katers namens Pandabär nicht ganz so passend. Irgendetwas Abwegigeres musste her, damit der kleine Bulle ins »Gesamtkonzept« unseres wilden Hofes passte.

Ein paar Tage nach der nächtlichen Geburt im Kuhstall telefonierte ich mit einer Freundin.

»Ein Name mit F?«, fragte sie.

»Ja, irgendwas, das zu Pandabär und Einstein passt«, sagte ich etwas ratlos. »Hast du eine Idee?«

»Fantabär?«, witzelte sie. »Feinstein? Fred Feuerstein? Frodo?«

»Haha, sehr lustig!«, kommentierte ich ihre immer absurder werdenden Vorschläge.

»Firsich!«

»Dein Ernst?«, fragte ich lachend.

»Ja, wenn seine Mutter Fenchel oder so heißt, dann kann er doch Firsich heißen, oder nicht?« erwiderte sie. »Aber Firsich schreibt man mit Pf, meine Liebe!« Jetzt musste ich noch mehr lachen.

»Ups!«, sagte sie und musste nun auch kichern.

»Aber irgendwie gibt es auch keine coolen Gemüse mit F, oder? Feldsalat? Feuerbohne? Frühlingszwiebel?«, sagte ich, als ich mich wieder etwas gefasst hatte.

»Oder wie wäre es mit Feffer? Immerhin ist er schwarz und es klingt besser als Firsich!«, schlug ich vor.

»Perfekt, finde ich gut«, sagte meine Freundin zufrieden. »Ich hoffe nur, er hat dann nicht zu viel Feffer im Popo, wenn er ausgewachsen ist. Also, ich hätte ja Angst vor so einem Bullen.« Und damit war es entschieden.

Kühe und Schafe haben in etwa so viel gemeinsam wie Hunde und Katzen. Aber immerhin teilen sie ihre Leidenschaft für ausgedehntes Grasfressen und Wiederkäuen. Allerdings sprechen Schafe und Kühe ebenso unterschiedliche Sprachen wie Hunde und Katzen. Das lernten wir schnell. Wenn Ole mit dem Schwanz wedelt, dann freut er sich. Tut Pandabär dasselbe, so ist das eher ein Zeichen von Anspannung. Und auch bei den Weidetieren gab es feine Unterschiede: Schafe genießen eine gute Führung und mögen es, wenn jemand vorausgeht und die Richtung weist. Die Kühe hingegen hassen es, wenn ihnen jemand in der Sonne steht. Gerade wenn die Tiere unsicher sind, so wie unsere es zu Beginn waren, bedeutet jemand, der ihnen direkt vor der Nase herumtanzt, eher eine Provokation. Schafe wollen »gezogen« werden, Kühe eher »geschoben«. Das sorgte bei uns Kuh-Neulingen für einige Verwirrung.

Doch mit der Zeit lernten wir viel über die Herdentiere. Im

Stall und auch bei unseren ersten Treibaktionen mit den Kühen auf unseren Flächen sammelten wir wichtige Erfahrungen.

»Eigentlich ticken alle Herdentiere genau wie wir Menschen«, sagte Patrick einmal lachend, als wir gerade mit dem Füttern der Kühe beschäftigt waren. »Die einen wollen gelockt werden, die anderen bewegen sich eher, wenn es von hinten drückt. Hauptsache aber, man bewegt sich mit der Masse.« Wie recht er doch hatte. Natürlich haben wir Menschen im Laufe der Evolution Beachtliches erschaffen, aber genau genommen sind wir bis heute wahnsinnig simpel gestrickt. Seit Oskar auf der Welt ist, habe ich immer wieder festgestellt, dass wir Erwachsenen im Grunde noch immer so ticken wie kleine Kinder. Bei uns ist es vielleicht nicht mehr die Schaufel, die seit Tagen unangetastet im Sandkasten herumliegt und just in dem Moment, in dem ein anderes Kind damit spielt, der begehrenswerteste Gegenstand im Universum zu sein scheint. Es ist vielleicht das schicke Auto, das wir überhaupt nicht brauchen, das wir aber plötzlich doch als äußerst attraktiv empfinden, weil unser Bekannter seit Neuestem mit so einem Modell herumfährt. Auch wir Menschen sind Herdentiere, die sich gern an Trends orientieren.

»Du hast recht«, sagte ich lachend. »Wenn alle Schafe im Stall sind und eines in Freiheit, und du dann die Tür aufmachst, wird eher das eine reinspringen als alle anderen hinaus.«

Patrick überlegte einen Moment.

»Ich denke, es liegt daran, dass es für Herdentiere einfach existenziell wichtig ist, Teil der Gruppe zu sein. Allein zu überleben ist für sie schwierig. Und bei uns Menschen ist das ja genau dasselbe. Gerade hier draußen auf dem Land finde ich es so wichtig, gute Kontakte zu haben und füreinander da zu sein, wenn es Probleme gibt. Ganz allein würden wir das hier ja alles gar nicht schaffen«, sagte Patrick, während er die lange, hölzerne Futterraufe mithilfe der Heugabel mit duftenden gelben Stängeln füllte. Die kleine Frieda kam sofort angetrottet, steckte ihren Kopf durch das Gitter und begann, genüsslich zu fressen.

»Frieda ist eigentlich immer die Mutigste«, sagte ich schmunzelnd.

»Vielleicht ist es ihr Spieltrieb, ihr Entdeckerdrang«, überlegte Patrick. »Kinder können es sich ja auch nicht verkneifen, alles zu untersuchen und auseinanderzunehmen, was sie noch nicht kennen.«

Zögerlich schlurften nun Freni und Fennel ebenfalls auf die Futterraufe zu. Fennel, die Leitkuh unserer überschaubaren Herde, stupste die kleine Frieda mit ihren langen Hörnern unsanft in die Flanke. Das große Kalb machte sofort Platz und suchte sich schleunigst eine andere Stelle, um an das heiß begehrte Futter zu kommen.

»Und das ist ja auch typisch, oder?«, rief ich kopfschüttelnd. »Es gibt genau vier Futterplätze. Aber nein. Man muss dort fressen, wo schon besetzt ist. Erst mal zeigen, wer der Boss ist. Außerdem könnte es ja sein, dass das Heu in dieser Raufe besonders gut schmeckt.«

So lebten wir uns alle gemeinsam ein, beobachteten einander und Patrick und ich lernten viel über die neuen Kinder und Tiere, für die wir nun die Verantwortung auf unserem Hof trugen. Während meiner Kindheit auf dem Hof von Patricks Familie war mir alles so leicht und romantisch vorgekommen. Nun, da es allein in Patricks und meiner Hand lag, für alle Lebewesen um uns herum zu sorgen, gesellte sich zur Romantik eine gewisse Unruhe, an die wir uns erst einmal gewöhnen mussten. Ich kannte dieses Gefühl bereits aus der Zeit mit unseren ersten drei Schafen, als ich noch nicht wusste, was von mir gefordert war. Auch als wir Oskar mit damals 1200 Gramm nach den vier Wochen Intensivstation nach Hause holen durften, hatte ich eine gewisse Unsicherheit und Furcht vor dem Unbekannten verspürt. Das Gefühl war mir also vertraut. Ich hatte in den ersten Wochen sogar regelrechte Panikattacken, wenn ich mir bewusst machte, dass allein wir für Oskars Überleben zuständig waren. Dass allein wir seine Bedürfnisse lesen und befriedigen mussten, Krankheiten und Gefahren erkennen mussten und dabei nichts vergessen durften.

Mit der Zeit wuchsen wir ins Elternsein hinein. Ebenso ins Schafehüten und Kühehalten. Ins Katzen-, Hunde- und Hühnerversorgen. In die Selbstversorgung, die Selbstständigkeit und ins Häuserbesitzen und -sanieren. Die pure Überforderung machte nach und nach einem immer größer werdenden Sicherheitsgefühl Platz und irgendwann hatten wir Routinen im Umgang mit den neuen Lebewesen und anderen Verantwortlichkeiten etabliert. Dann wurde es leichter. Passieren allerdings Unfälle oder wird ein zwei- oder vierbeiniges Familienmitglied krank, so bricht – auch heute noch – die Unruhe sofort wieder aus: Was ist zu tun? Und wie schnell müssen wir reagieren? Können wir es allein lösen oder brauchen wir professionelle Hilfe? Woher bekommen wir Parasitenmittel für die Schafe? Was tun gegen die Milbenplage im Stall? Wohin mit einem Kind, das sich beim Sturz von der Treppe beide Vorderzähne ausgeschlagen hat, wenn die nächste Kinderklinik eine Stunde Autofahrt entfernt ist? Doch wir wuchsen mit unseren Aufgaben und wir wachsen noch immer jeden Tag. Landleben, Elternsein und Selbstständigkeit bedeuten höchste Flexibilität. Jeder Schritt aus der eigenen Komfortzone jedoch ist ein Schritt in Richtung inneres Wachstum. Heute können Patrick und ich mit der Verantwortung für Lebewesen besser umgehen. Unsere Kinder stehen natürlich an erster Stelle. Patrick und ich versuchen, alle Entscheidungen besonnen und gemeinsam zu treffen.

So viele Bedürfnisse gibt es hier jeden Tag zu befriedigen und das gemeinsame Leben und Arbeiten bedarf einer festen Struktur und Disziplin. Wir haben uns bewusst gegen das Wohnen in einer größeren Gemeinschaft entschieden. Es gibt viele interessante Communitys und Projekte, die draußen auf dem Land, oder auch in Städten, neue Lebenskonzepte etablieren. Wir finden das wundervoll und beobachten die Konzepte, die wir kennenlernen dürfen, mit Spannung und Freude. Für uns war diese Art von Community jedoch nie eine Option.

»Du musst wissen, wem der Ziegel auf dem Dach gehört«, pflegt Patrick immer zu sagen, seit er diesen Satz vom Opa seines Kumpels gehört hat. Er hat ihn nachhaltig beeindruckt. Vielleicht deshalb, weil ausgerechnet der Ziegel auf dem Dach das Sinnbild für Besitz und Verantwortung war. Das Sinnbild dafür, ein Dach über dem Kopf zu haben. Ist der Ziegel eines Tages kaputt, so muss irgendjemand hinaufklettern und ihn reparieren. Für Patrick ist es das Einfachste und Schönste, wenn er das dann auch einfach selbst machen kann, ohne vorher ein Plenum bemühen zu müssen oder abzustimmen. Patrick hat den Ersatzziegel nämlich mit großer Wahrscheinlichkeit schon fünf Jahre zuvor irgendwo günstig ergattert und ordentlich eingelagert, um ihn für den Fall der Fälle zur Hand zu haben. Es ist seine Art zu leben, die Dinge zu durchdenken, vorauszuplanen und jeden Tag zu tun, was zu tun ist. Es ist nicht besser oder schlechter, wenn der Ziegel auf dem Dach einem oder vielen gehört. Es ist nicht einfacher oder schwerer, Probleme in der Gruppe zu lösen oder als Familie. Es ist Typsache. Doch auch Patrick und ich sind Herdentiere. Wir wollen eingebunden sein in eine größere Gemeinschaft aus Familie, Freunden, Nachbarn und Followern. Gleichzeitig sind wir Stubenkater und Hofhunde, die auch gerne mal auf sich allein gestellt die Ruhe des Hofalltags genießen.

Um allem, was wir uns hier erschaffen, gerecht zu werden, bauen wir uns immer wieder neue Strukturen. Wir leben in Rhythmen, die sich dem Tagesverlauf anpassen. Wir haben wiederkehrende Rituale wie gemeinsame Essenszeiten etabliert, denn diese nutzen wir oft gleichzeitig für Besprechungen. Unsere Tage sind zwar akribisch durchgeplant, aber die Prioritäten legen wir täglich neu fest. So erhalten wir dennoch unsere Freiheit und Flexibilität und bleiben im Flow. Wir leben in Rhythmen. Nicht nur im Tagesverlauf, sondern vor allem auch im Rhythmus der Jahreszeiten. Im Winter sind die Tiere im Stall und wir stürzen uns in Bauplanung und berufliche Projektentwicklungen. Wir schlagen Holz und sind damit beschäftigt, die Öfen am Laufen zu halten. Wir reparieren, organisieren und bereiten die Arbeiten für den Sommer vor. Wenn die Wärme zurückkehrt, ist Weidesaison und die Tiere begnügen sich den größten Teil des Tages mit dem grünen Gras auf den Flächen. Im Sommer sind die Tage lang und warm und wir arbeiten an Scheune, Haus und im Garten. Unsere täglichen und jährlichen Aufgaben richten sich nach dem Wetter und den Temperaturen. Rhythmen, Prioritäten, Disziplin und klar verteilte Aufgaben sind der Weg, den wir uns auserkoren haben, um unsere Träume zu leben.

8
Leben wie Fünfzehnhundert-äpfelschnitz

Warum das Glück aus zwei Zutaten besteht

»Na, ihr seid ja wieder fleißig!«, hörte ich eine freundliche Stimme rufen. Seit zwei Tagen waren wir damit beschäftigt, die beinahe nicht befahrbare Fläche vor der Scheune zu bearbeiten. Mit einem kleinen Bagger wollten wir eine Vertiefung ausheben, Regenwasserrohre verlegen und sie mit einem neuen stabilen Kies- und Schuttbett auffüllen. Schlussendlich sollten diesen Vorplatz einmal hübsche Pflastersteine zieren. Das Scheunendach besaß außerdem seit Ewigkeiten keine Regenrinne und so war die Bodenwelle entlang des Gebäudes über die letzten Jahrhunderte durch Traufenwasser, Kutschenräder, Hufgetrappel und Traktorreifen tief abgesackt. Kurz nach dem Kauf des Hofs hatten wir den so entstandenen Graben notdürftig mit großen Kieselsteinen und Holzlatten aufgefüllt, um die Scheune doch irgendwie nutzen zu können. Nun wollten wir den Vorplatz endgültig statisch und optisch auf Vordermann bringen. Für das nächste Jahr war dann die Sanierung des Dachs geplant und somit auch endlich die Montage einer Regenrinne.

Ich drehte mich um und sah meine Nachbarin und ihren Mann auf mich zukommen, zwei herzliche und liebenswerte Senioren, die ebenfalls hier im Weiler auf einem Mehrgenerationenhof lebten und ganz danach aussahen, als seien sie auf Spazierjagd nach den ersten warmen Sonnenstrahlen des Jahres.

»Oh ja, es geht gut voran«, sagte ich. »Ich hoffe, der Lärm vom Bagger gestern war nicht zu schlimm?« Ich spürte einen Hauch von schlechtem Gewissen in mir hochkriechen. Am Vortag hatten wir viel Lärm gemacht vor dem Haus.

»Ach was. Wir freuen uns doch, wenn hier was los ist im Weiler! Es macht Spaß zu sehen, wie ihr vorankommt«, sagte die Nachbarin und winkte fröhlich ab.

»Danke. Das freut uns so sehr«, erwiderte ich erleichtert.

Nun schlüpfte auch Patrick aus der Dunkelheit der alten Scheune zu uns in die Sonne. Er trug seine geliebte Zimmererhose und die rosafarbenen Crocs an den Füßen, die er vor Jahren von meiner Oma bekommen hatte und die er, ginge es nur nach ihm, selbst im Bett nicht ausziehen würde.

»Hallo ihr beiden! Seid ihr auf Spaziergang?«, rief er unseren Nachbarn zu und stellte sich neben mich.

»Ja. Und so spannend, was ihr wieder macht!«

»Ich hoffe, der Lärm gestern war nicht zu schlimm?«, sagte er vorsichtig.

»Ach was. Das geht ja vorbei«, lachte der Nachbar.

»Und geht es euch gut?«, fragte ich, jetzt wo wir das Lärmthema eindeutig geklärt hatten.

»Ja, wir gehen jetzt am Vormittag spazieren und haben heute Nachmittag eine Besprechung für die 500-Jahrfeier unten im Ort.«

»Was ist denn die 500-Jahrfeier?«, fragte Patrick.

»Ein großes Ortsjubiläum, das wir immer im Sommer veranstalten«, erklärte die Nachbarin eifrig. »Alle Vereine machen mit und im ganzen Ort gibt es Marktstände, Bühnen, Pommes, Würschtle und Musik. Und alles mit historischem Motto. So ganz mittelalterlich. Vielleicht wollt ihr ja auch kommen?«

»Oh, wann ist denn das?«, fragte ich und hatte direkt eine leise Ahnung, in welche Richtung sich das Gespräch nun entwickeln würde …

»Im Juni.«

»Waaas? Historisches Fest im Dorf? Paddi? Ich glaub, mir sin debi!«. Patricks Bruder Gabriel, der gerade für einige Tage mit anpackte, stieß strahlend zur Runde hinzu.

»Ich glaub aber auch!«, grinste nun auch Patrick.

»Ja?«, fragte die Nachbarin erstaunt.

»Ja, klar. Da machen wir einen Stand auf! Eine Schindelbank haben wir schon da. Ein Mittelalterzelt organisiere ich und fürs Lagerfeuer gibt es genug Abbruchholz!«, rief Patricks Bruder.

»Ja, habt ihr etwa auch einen Verein?«, fragte ihr Mann etwas überrumpelt von Patricks und Gabriels plötzlicher Begeisterung.

Die beiden Brüder schauten sich verschmitzt lächelnd an.

»Ha ja, warum nicht? Ich bin Kassenwart. Der Mann an der Kohle. Du Vorstand. Mit deinem Dickkopf hast du den Job safe. Und Geral ist die perfekte Beisitzerin mit Stillbaby!«, scherzte Patricks Bruder.

»Abgemacht«, die beiden gaben sich die Hand drauf.

Unseren Nachbarn standen die Fragezeichen ins Gesicht geschrieben. Und so mussten Patrick und sein Bruder natürlich die Geschichte des historischen Stadtfests in der alten Heimat erzählen, bei dem Gabriel seit Jahren im Orgateam ist. Und auch Patrick und ich hatten diesen Spaß ja einige Saisons mitgemacht. Eine Woche im Jahr hatten wir während der Feierlichkeiten einen mittelalterlichen Bauernhof betreut, den wir mitten im Städtchen aufbauten. Mit Ziegen, Schafen, Schweinen, Eseln und Hühnern. Mit Besenbinden, Holzhütte, Feuerstelle, Eintopf und Apfelsaftpresse.

»Gabriel ist noch immer voll dabei und wir haben hier am Hof viel Equipment für einen kleinen Bauernhof oder einen Stand mit alten handwerklichen Sachen«, schloss ich.

»Ja, das ist ja großartig! Wollt ihr also mitmachen beim Fest?«, sagte unser Nachbar nun.

»Aber auf jeden Fall. Ich beantrage direkt Urlaub!«, antwortete Gabriel.

»Wunderbar. Dann bringe ich euch später die Telefonnummer von der Kerstin vorbei. Die kümmert sich um die Aufteilung der Stände«, rief seine Frau begeistert.

Damit war es beschlossene Sache. Wir würden unseren Beitrag zum Dorffest leisten und uns ein wenig unter die Leute mischen. In Mittelalterlumpen zwischen Spinnrad, Schindelbank, Lagerfeuer, Blaskapelle und Würstchenstand. Na dann, Prostl! Oder wie sagt man auf dem Dorf?

Doch bis zum großen Fest standen noch einige Sanierungsarbeiten an. Die im Winter ersonnenen Pläne sollten endlich in die Tat umgesetzt werden. Rund um den Hof wartete stapelweise selbst geschlagenes und vor Ort aufgesägtes sogenanntes Mondholz darauf, in der Scheune verbaut zu werden. Mondholz ist das Ergebnis einer Tradition aus dem Alpenraum, die auf jahrhundertealtem Forstwissen beruht. Dabei richtet sich der Zeitpunkt der Fällung eines Baumes, der zu Bauholz verarbeitet werden soll, nach dem Mondkalender. Die Idee dahinter ist, dass die Mondphasen Einfluss auf den Wassergehalt auf der Erde haben und somit womöglich auch auf die strukturellen Eigenschaften des Holzes. Seit Jahrhunderten ist diese Praxis gängig und man sagt, Mondholz sei weniger anfällig für Schädlinge, habe eine höhere Haltbarkeit und Stabilität, eine schönere Maserung und Farbe und sogar ein besseres Klangverhalten, wenn daraus Instrumente hergestellt werden. Die heutigen wissenschaftlichen Beweise dazu sind begrenzt und umstritten. Das jedoch störte uns kaum. Allein schon der romantische Gedanke, unsere Scheune mit selbst geschlagenem Mondholz nach alter Tradition zu sanieren, war alle Mühen wert.

Viele der uralten Balken in der Scheune waren morsch, durchlöchert und ihre statischen Eigenschaften mehr als fragwürdig. So machten sich Patrick und Benjamin, ein Zimmerer, der uns einige Wochen zuvor über Instagram kontaktiert und nach Arbeit gefragt hatte, daran, die morsche Scheune zu sanieren. Einige Teile stützten sie ab, andere sägten sie heraus und fertigten mit unserem Mondholz Nachbildungen der kaputten Teile an. Wie ein riesiges Puzzle richteten sie die Unterkonstruktion Stück für Stück wieder her. Ein unbeschreiblicher Aufwand und nur zu meistern, weil beide Jungs vom Fach waren, sich immer wieder gegenseitig motivierten und gemeinsam Lösungen für jedes Problem fanden, das da so auftauchte. Jeder halbwegs rational denkende Mensch hätte die Scheune kurz und schmerzlos dem Erdboden gleichgemacht und mit einer pragmatisch modernen Stahlträgerkonstruktion neu aufgebaut. Im Kaufvertrag hatte das riesige Gebäude aufgrund seines maroden Zustandes einen geschätzten Restwert von gerade mal 5000 Euro. In solchen Fällen schlägt Statik meist den Denkmalschutz und man hätte vermutlich eine Genehmigung zum Abriss bekommen. Wir aber taten alles dafür, um so viel vom Charme der alten Scheune zu erhalten wie möglich.

Auch rund um das in die Jahre gekommene Bauwerk ging es in großen Sprüngen voran. Patricks Kumpel Christoph und Maxim bauten eine wunderschöne Terrasse aus hellen Kalksteinquadern an die hintere Wand der Scheune. Dorthin, wo die Aussicht am schönsten ist. Tagelang puzzelten auch sie mit Bagger, Meißel und Schaufeln Stein um Stein aneinander. Von Frühling bis Herbst leben wir heute dort. Wir essen, spielen, arbeiten und kochen über dem Feuer. Die Terrasse ist längst nicht fertig, aber schon jetzt, im Rohzustand, ist sie der schönste Ort auf Erden für uns. Während ich diese Zeilen schreibe, sitze ich auf ebendieser sonnigen Terrasse auf einer Holzbank, die Patrick im letzten Sommer aus alten Schiffsbalken gebaut hat. Ich sehe den Kühen unterhalb des Hofes beim Grasen zu, lausche dem Gesang der Vögel und dem geschäftigen Gerumpel von Benjamin und Christoph, die nun den zweiten Sommer in Folge zeitweise mit uns leben und arbeiten. Dabei verspüre ich ein tiefes Glücksgefühl und eine große Dankbarkeit für all das, was wir alle hier jeden Tag leisten und erschaffen. Das Leben auf unserem jahrhundertealten Hof fühlt sich im Sommer an wie in einem geschäftigen Bienenstock, in dem an jeder Ecke fleißig gewerkelt wird und alle Arbeitsschritte miteinander verwoben sind.

Eines Tages im Juni war es dann so weit. Das große Dorffest stand bevor. Unser »Verein«, wenn man den wilden Haufen denn so nennen möchte, bestand inzwischen nicht nur aus dem »Kassenwart«, dem »Vorstand« und der »Beisitzerin«, sondern auch aus einigen weiteren hoch motivierten Menschen, die Freude an der Idee hatten, das Dorf unweit des Hofes zwei Tage lang in Mittelalterklamotten aufzumischen. Patricks Schwager und Schwester mitsamt ihrer Schwiegermutter und den Kindern hatten sich bereit erklärt, an unserem Stand mitzuwirken und außerdem eine kleine Herde Ziegen mitzubringen, die sich den Festtrubel ebenfalls einmal ansehen durfte. Patricks Bruder Gabriel hatte seinen Kumpel Timo dabei, meine Mutter war ebenfalls Feuer und Flamme für das Fest, und auch meine neu gewonnene Freundin Svetlana von einem der Höfe in der näheren Umgebung gesellte sich dazu. Außerdem war das Fernsehteam wieder mit von der Partie.

Patricks Bruder hatte nicht gekleckert, sondern geklotzt und ein wunderschönes großes Mittelalterzelt aus hellem, schwerem Baumwollstoff mit roten und orangenen Wimpeln mitgebracht. Dazu die Besenbindmaschine vom Hof der Eltern, einen Nagelklotz und mittelalterliche Sitzgarnituren. Patrick hatte bündelweise Birkenreisig auf unseren Flächen gesammelt, um daraus hübsche Besen als Mitmachangebot auf dem Markt zu binden. Ich hatte die Wolle unserer Schafe gewaschen, kardiert, also mit einem speziellen Gerät aus großen Rundbürsten gekämmt, und in Körbe gepackt. So konnte ich mit dem Spinnrad einige Runden drehen und interessierten Menschen zeigen, wie es funktioniert. Die Wolle unserer Schafe ist im Grunde zu rau und kratzig, um wirklich tragbare Kleidung daraus herzustellen. Wir haben Krainer Steinschafe, eine alte Rasse, die vor allem für ihre Robustheit, nicht aber für ihre weiche Wolle bekannt ist. Außerdem zählen inzwischen auch ein paar Merinoschafe zur Herde, die extra eingezogen sind, damit ich am Spinnrad noch feinere Arbeiten verrichten kann. Aber auch ihre Wolle ist nicht fein genug, um Textilien herzustellen in einer Qualität, wie wir es heute gewohnt sind. Für mittelalterlichen Standard jedoch völlig ausreichend. In den letzten Jahrzehnten hat man in Europa einfach nicht mehr auf feine Wolle gezüchtet und diesem Rohstoff kaum mehr Aufmerksamkeit geschenkt. So müssen heute Textilien aus Wolle zum Großteil importiert werden. Mit ein wenig Gewöhnung oder einem eingenähten Futter in der selbst gestrickten oder gesponnenen Mütze oder Jacke finde ich die Teile aber dennoch sehr wertig, wärmend und hübsch, auch wenn sie in ihrer Qualität eben eher in eine Zeit passen, als man nutzen musste, was da war, und nicht nach einem weichen Cashmere-Seide-Alpaka-Pullover verlangen konnte.

Am Morgen vor dem großen Fest hatten wir bereits die hübsche hölzerne Lkw-Mulde, die Patrick vor unserem Umzug aus dem alten DDR-Fahrgestell gebaut hatte, mit allerlei mittelalterlich anmutendem Krempel beladen. Die Mulde selbst sollte neben dem Zelt als Ziegenstall dienen.

»Der Bollerwagen muss auf jeden Fall mit. Der ist perfekt für die Kinder!«, sagte Gabriel und bugsierte das sperrige Teil neben die gefüllte Heuraufe für die Ziegen und ein riesiges Bündel Besenreisig auf die Pritsche. Dann wuchtete er mit Timo noch einen alten Schleifstein vom Opa der Brüder auf die Ladefläche, um auf dem Fest die Klingen für die Schindelbank authentisch schärfen zu können.

»Was ist mit dem beigen Sonnenschirm? Es soll regnen heute Mittag. Wir wissen aber nicht, ob der dicht ist, oder?«, überlegte Patrick.

»Doch, ist er eigentlich. Wahrscheinlich nicht so ultradicht, aber …«, sagte ich zögernd, während ich mit der kleinen Jolanda auf dem Arm die vielseitige Ladung begutachtete.

»Das ist jetzt zu viel Action, oder? Den schweren Holztisch beziehungsweise Schirmständer noch mitzunehmen?«, unterbrach Patrick mich voller Eifer.

»Ja, aber der sieht doch überhaupt nicht authentico aus!«, unterbrach Gabriel Patrick.

»Der Schirm?«, fragte Patrick.

»Ja, so was gab's Fünfzehnhundertäpfelschnitz noch gar nicht«, rief er empört von der Pritsche herunter.

Wir lachen bis heute über seinen Spruch. Aber der mitteldichte und vor allem mittelmäßig mittelalterliche Sonnenschirm blieb mitsamt dem schweren Holztisch auf dem Hof. Spinnrad, Felle, Decken, Schalen, Löffel, Pfannen und Feuerkessel für einen noch zu kochenden Eintopf luden wir hingegen noch in Gabriels Baustellensprinter. Dann machte sich unsere kleine Karawane auf in Richtung Dorffest. Patrick mit dem voll beladenen Lkw voraus,

Gabriel und Timo im Sprinter hinterher und dann meine Mutter und ich in unserem dreißig Jahre alten Isuzu-Trooper-Allrad-PKW mit Kindern, Kostümen und Essensvorräten für den ganzen Tag.

»Ganz schön viel Aufwand für so ein bisschen Feierei!«, lachte meine Mutter, als wir die sechs Kilometer durch Wälder und vorbei an Weiden und Höfen über Serpentinen hinunter ins Dorf rollten.

»Ja, wir haben ja eigentlich genug zu bauen und zu organisieren auf dem Hof …«, pflichtete ich ihr bei, »… aber irgendwie ist es auch eine schöne Abwechslung, mal etwas einfach zum Spaß aufzubauen. Wir hoffen ja auch, noch mehr Menschen im Ort kennenzulernen.«

»Das stimmt, allein dafür lohnt es sich sicher«, lenkte meine Mutter ein.

»Und du willst wirklich kein Handlesezelt aufbauen? So wie früher in unserer Kindheit auf den Mittelaltermärkten?«, neckte ich sie. Wochenlang hatten wir versucht, sie von der Idee zu überzeugen.

»Haha, das rote Leinenkleid und die hennaroten Haare habe ich nicht mehr. Und ich spare mir das Geschwätz lieber. Sonst ist unser Image gleich komplett. Die Hexe vom Hof und die verrückten Influencer von der Baustelle. Ich glaube, die Zeiten sind für mich vorbei!«, lachte sie.

»Na gut. Ich glaube trotzdem, dass es viele Menschen spannend finden würden. Aber ich kann es verstehen. Wir haben auch so genügend Highlights im Gepäck«, sagte ich.

Unten im Dorf stieß auch der Rest der Truppe inklusive Ziegen, wunderschöner Blumendeko und selbst gebundener Blumenkränze dazu. In Windeseile bauten wir das Mittelalterzelt auf, machten es den Ziegen gemütlich, richteten Feuerstelle, Spinnrad und eine kleine Küche ein und stellten unsere handwerklichen Geräte aus.

»Ich glaube, wir können uns so langsam in Schale werfen. Es geht schon los!«, rief ich, während ich die Straße mit all den Ständen und Bühnen im Ort hinunterschaute und immer mehr Menschen in mittelalterlicher Gewandung entdeckte. Auf der Bühne in der Dorfmitte blies bereits eine Kapelle zum Auftakt. Patrick, Oskar, Jolanda und ich eilten hinüber zum Parkplatz, um uns umzuziehen. Das Filmteam hinterher, um eine Vorher-nachher-Szene zu drehen: vom Alltag rein ins Mittelalter.

»Ach, nee! Wie schön! Da seid ihr ja!«, rief eine Frau zu uns herüber, die mit ihrem Mann auf der anderen Straßenseite den Gehweg hinunterlief. Wir hatten die beiden noch nie zuvor gesehen, waren es inzwischen aber einigermaßen gewohnt, in der Öffentlichkeit erkannt und angesprochen zu werden. Unsere Reichweite in den sozialen Medien war inzwischen so groß, dass wir in ganz Deutschland auf Menschen trafen, die uns über Instagram »kannten«.

»Hallo«, lachte Patrick, auch wenn er offensichtlich keinen Schimmer hatte, wer die Leute waren.

»Ach, ihr kennt uns ja gar nicht! Ich bin die Gudrun und das ist der Holger. Wir sind extra hergefahren, weil wir gehofft haben, euch zu treffen.«

»Ach, das ist ja nett!«, sagte ich schmunzelnd.

»Ja, wir finden es einfach so toll, was ihr macht, und ihr habt so ein Glück mit dem tollen Hof und all den Helfern. Das wäre ja auch mein Traum gewesen. Aber der Holger hat zwei linke Hände«, erzählte Gudrun.

»Der Holger« räusperte sich.

»Na, jeder hat so seine eigenen Qualitäten, oder?«, sagte Patrick belustigt und klopfte Holger sacht auf die Schulter.

»Na, das will ich auch behaupten! Ich kann gut Motorrad fahren. Und Bier trinken!«, erwiderte Holger grinsend. Neben den eben genannten Qualitäten durfte er wohl auch seine Schlagfertigkeit zu seinen Stärken zählen.

»Na, da müssen wir mal schauen, wer mehr auf dem Kasten – äh, *im* Kasten hat!«, stieg Patrick auf das Gewitzel ein. Gudrun verdrehte kichernd die Augen.

»Ja, Mensch, und das ist euer schöner Stand?«, fragte sie dann. »Wo habt ihr denn all die alten Sachen her? War das alles auf eurem Hof? Ist ja toll!«

»Das meiste haben wir jahrelang gesammelt oder ausgeliehen. Auf dem Hof gab es nicht mehr viel Antikes«, erklärte ich.

»Hallo, wir sind heute für den SWR dabei«, schaltete sich plötzlich die Produktionsleiterin des Filmteams ein, das uns die ganze Zeit mit Kamera und Mikrofon umringt hatte. »Dürfen wir das kleine Treffen hier gegebenenfalls zeigen?«

»Na, ich bitte darum! Wenn wir euch damit unterstützen können, sowieso«, freute sich Gudrun. »Meine Nichte ist auch ein riesiger Fan von euch. Können wir noch ein Foto zusammen machen? Wir wollen euch nicht aufhalten, aber das wäre so toll!«

»Kein Problem«, sagte ich großzügig.

»Können Sie mal eben?«, fragte Holger und hielt der Produktionsleiterin sein Smartphone hin.

»Ich kann nicht. Ich bin ja praktisch nicht da!«, lachte sie und versteckte sich hinter dem Kameramann.

»Ach so. Ja, stimmt. Na, dann machen wir eben ein Selfie!«, überlegte Holger pragmatisch. Die beiden stellten sich links und rechts neben Patrick und mir auf und knipsten los. Dann verabschiedeten wir uns.

»Ich wünsche euch weiterhin so viel Glück! Ihr macht das großartig!«, rief Gudrun uns noch hinterher.

»Danke, danke!«, lachten Patrick und ich. Dann eilten wir weiter zum Auto.

»Habt ihr euch eigentlich schon an so was gewöhnt?«, fragte die Produktionsleiterin, als die Kamera für einen Moment Pause machte, damit wir uns in Ruhe umziehen und verkleiden konnten.

»Ehrlich gesagt, mittlerweile schon«, sagte ich, während ich mir meine weiße Bluse mit Puffärmeln und Spitzen überzog.

»Ich meine, das passiert euch inzwischen ja wahrscheinlich regelmäßig, oder?«, fragte sie, und lehnte sich an die Schiebetür von Gabriels Sprinter, den wir als Umkleidekabine benutzten.

»Also, am Anfang weiß man gar nicht, wie man reagieren soll, weil die Menschen oft vergessen, dass sie so viel über uns wissen, aber wir nichts über sie. Oder manchmal sind sie superunsicher und wollen nicht wie Stalker wirken. Und manchmal denken sie auch nur, sie wüssten alles über uns, dabei zeigen wir ja nur einen so kleinen Ausschnitt unseres Lebens. Unser Tag hat auch vierundzwanzig Stunden und die täglichen Storys bieten vielleicht fünf Minuten Zeit zum Erzählen. Aber ich glaube, inzwischen haben wir einen Umgang damit gefunden. Wir freuen uns außerdem über all die Unterstützung und das Interesse«, führte ich aus. »Nur bei uns zu Hause auf dem Hof wollen wir das gar nicht. Ein bisschen Privatsphäre brauchen wir auch«, fügte ich noch murmelnd hinzu, während ich mit meiner Strumpfhose unter dem ausladenden gestreiften Rock kämpfte.

»Ja, das glaube ich gern!«, lachte die Produktionsleiterin. »Was habt ihr denn jetzt geplant?«, fragte sie dann, um wieder zum Tagesgeschäft zurückzukehren.

»Mal sehen. Wir machen uns jetzt fertig, dann bauen wir den Rest auf, zünden ein Feuer an, kochen Eintopf und backen Naan-Brot für alle, oder?«, sagte ich fragend in Patricks Richtung.

»Klingt nach einem Plan!«, rief er. »Später sind ja auch einige Bühnenshows, die wir uns anschauen können, und wenn es nicht zu doll regnet, können wir mal an die Schindelbank und ein paar Besen binden!«

Zwanzig Minuten später trug ich statt Arbeitshose und Pulli einen langen blauen Rock mit weißen Streifen und Spitzensaum und eine Bluse mit Stickereien, darüber eine beige Küchenschürze mit Kreuzbindung am Rücken und einen kleinen Lederbeutel um die Hüften. Die Haare hatte ich eingedreht und geflochten und mit einem Blumenkranz dekoriert. Patrick schmiss sich in Pumphosen, Leinenhemd, Holzschuhe und Wildlederweste. Für Oskar hatten wir kurzerhand Lederhosen und Wollpulli eingepackt und für Jolanda Wollkleidung in Erdtönen. So stürzten wir uns ins Getümmel.

Die beiden Tage Dorffest waren wunderschön und trubelig. Das Highlight für uns alle war ein Festumzug mit allen beteiligten Gruppen durch das ganze Dorf. Nie im Leben hätte ich mir träumen lassen, dass so viele Menschen kommen würden. Die Straßen waren übersät mit Menschen jeden Alters von nah und fern. Wir schmückten den Bollerwagen, unsere Kinder und die Ziegen mit Blumen, banden die Ziegen an Stricke und marschierten hinter einer Gruppe mit Pferdewagen und vor einer Gruppe Musikanten durch die Straßen. Ab der Hälfte des Umzugs hatten die frechen Ziegen beinahe den kompletten Blumenschmuck gefressen und den Kindern die Kränze von den Köpfen gemampft. Das sorgte für einige herzhafte Lacher bei den Schaulustigen und wir winkten und lachten, bis unsere Arme sich nach Wackelpudding und die Mundwinkel versteinert anfühlten. Es war ein voller Erfolg.

»Und? Hast du spannende Gespräche gehabt auf dem Fest?«, fragte ich Patrick, als wir zwei Tage nach dem wilden Treiben unten im Dorf endlich wieder alles abgebaut, aufgeräumt, gewaschen und repariert hatten und bei einem gemütlichen Mittagskaffee in der urigen Küche saßen.

»Ja, total. Also der Männergesangsverein wollte mich erst unbedingt rekrutieren. Aber du hast ihnen wohl erzählt, dass ich in etwa so singe wie ich schnarche. Und da haben sie es sich doch noch anders überlegt«, kicherte Patrick.

Ich musste ebenfalls grinsen. »Na, sei froh! Die hätten dich spätestens dann im hohen Bogen wieder rausgeworfen, wenn sie gemerkt hätten, dass du nur offbeat klatschen kannst!«

»Sehr witzig! So schlimm ist es auch wieder nicht«, protestierte Patrick, obwohl er wusste, dass ich recht hatte.

»Also, ich habe sicher mit drei Menschen gesprochen, die unseren Hof auch angeschaut haben und kaufen wollten«, wechselte ich rasch das Thema.

»Echt? Und warum haben sie es nicht gemacht?«, fragte Patrick nun neugierig.

»Na ja, ich denke wegen des Allgemeinzustands und sicher auch wegen der Landwirtschaft«, erwiderte ich, als Patrick plötzlich etwas einfiel: »Weißt du eigentlich, dass der Makler seinen Job niedergelegt hat nach dem Verkauf des Hofes? Das zog sich ja insgesamt vier Jahre!«

»Echt jetzt?«, rief ich erstaunt aus, und Patrick erzählte von einer kürzlichen Begegnung mit dem Makler. Dieser war auf den Hof gekommen, um zu sehen, wie die Sanierung so lief, und hatte berichtet, dass er mit unzähligen Menschen durch unser jetziges Zuhause gelaufen war. Am Ende hatte es ihm gereicht.

»Ist ja doll«, staunte ich, »da wundert es mich nicht, dass so viele Leute mit mir darüber gesprochen haben!«

»Ja, ich meine, der Hof liegt total schön und hat so viel Potenzial. Es ist aber auch einfach ein heftiger Bunker!«, sagte Patrick.

Ich zögerte und schaute mich in der Küche um. Die rußigschwarze Wand hinter der Küchenhexe, vor der Patrick mit seiner Tasse Kaffee saß, und die Löcher im Putz an Decke und Wänden schienen Patricks Einschätzung zu bestätigen. »Ich bekomme oft Nachrichten, dass wir einfach so ein Glück hatten mit dem Hof, weil es so was in Süddeutschland eigentlich nicht mehr zu kaufen gibt«, entgegnete ich schließlich, »aber wenn man dann hört, was es für ein Kampf war, den Hof loszuwerden, kann ja von Glück eigentlich nicht die Rede sein, oder was denkst du?«

»Glück ist eigentlich ein spannendes Wort«, überlegte Patrick.

»Wie meinst du das?«, fragte ich und musterte ihn erwartungsvoll.

»Na ja«, sagte er, »wenn man von Glück redet, dann denkt man an etwas, das man sich nicht selbst erarbeiten muss, oder?«

Ich nickte. »Ja, wie ein Lottogewinn.«

»Genau!«, sagte Patrick nachdenklich, »das ist ein gutes Beispiel. Überleg dir mal, wie das meistens läuft, wenn jemand so viel Glück hat, im Lotto zu gewinnen, und keine Ahnung von Finanzen, Investments oder Anlagen. Auch eine Million ist schnell verpufft. Und natürlich hatte man eine gute Zeit und fährt ein schickes Auto und so was. Aber im Grunde muss man ja das Geld direkt gut anlegen und vermehren, um aus dem Glück auch langfristig etwas zu machen. Auch für die Nachkommen, den Familienkreis und so.«

Das leuchtete mir ein: »Du meinst also, Glück allein reicht nicht, um … Glück zu haben?«

Patrick kniff die Augen zusammen. »Na ja, Glück ist vielleicht nicht das richtige Wort. Es ist ja eher ein Zufall, wenn man im Lotto gewinnt. Und der allein löst noch nicht alle Probleme.«

Ich wusste genau, was er meinte: »Man muss auf den Zufall vorbereitet sein, damit Glück daraus wird.«

Patrick nickte. »Genau. Und so war es auch mit dem Hof. Klar, wir haben die Anzeige im Netz gesehen und waren irgendwie zur richtigen Zeit am richtigen Ort. Das ist Zufall, der einem irgendwann sehr wahrscheinlich widerfährt, wenn man ständig auf den gängigen Immobilienportalen abhängt. Zudem war der Hof sehr lange inseriert. Aber der viel größere Teil ist unsere jahrelange Vorbereitung.«

Und er hatte recht. Ohne seine Maschinen, sein Wissen, unsere landwirtschaftlichen Erfahrungen, das Haus, das wir schon fertig saniert hatten und unser hart erarbeitetes Startkapital hätten wir es sicherlich auch bei der einen Besichtigung belassen. Man muss seine Träume und Ziele jahrelang vorbereiten, damit man Glück draus machen kann, wenn der Zufall ins Spiel kommt. Und manchmal ist die Zeit einfach noch nicht reif für den Zufall, weil man sich noch nicht ausgiebig vorbereiten konnte. Früher oder später kommen Zufall und gute Vorbereitung aber definitiv zusammen, wenn man dranbleibt. Meistens auf völlig andere Weise, als man immer dachte. Ich glaube, das Wichtigste, um sich auf den Zufall vorbereiten zu können, ist ein großer Traum, den man so lebendig im Herzen spürt, als sei er bereits Realität. Nur dann nämlich handelt man intuitiv zielführend und effizient und macht aus seinen Träumen Wirklichkeit. Lebensglück.

Wir hatten unser Glück mit allen Mitteln herausgefordert und konnten es nun deutlich spüren. Beim Kauf des Hofes hatten wir nicht gewusst, ob wir hier wirklich glücklich werden würden. Wir hatten versucht, uns selbst nichts vorzumachen. Wir hatten uns lange und intensiv selbst beobachtet, in uns hineingespürt und immer wieder gefragt, ob das da draußen wirklich das Leben war, welches wir führen wollten. Es ist enorm wichtig, die eigenen Entscheidungen nicht aus Angst, sondern aus Liebe zu fällen, sonst kann kein Glück entstehen. Man muss mit ganzem Herzen dabei sein, und das wiederum sollte von einem lebendigen Traum, einer fühlbaren Vision, erfüllt sein. Ab und zu bekomme ich Nachrichten von Menschen, die gerne auf unserem Hof mit uns leben möchten, »weil die Welt da draußen so bescheuert ist«. Für uns ist sie aber genau das eben nicht. Wir sind nicht vor einer schlechten Welt geflohen und genießen es sehr, wenn wir ab und an in großen Städten oder fernen Ländern unterwegs sind. Wir haben uns bewusst für einen engen Austausch mit »der Welt da draußen« via Social Media entschieden, weil wir sie trotz ihrer verrückten und unangenehmen Seiten spannend finden. Wir beide waren im Alltag aber nie ausgiebig auf Veranstaltungen, Konzerten, sind selten ins Kino oder Museum gegangen. Wir genossen es, von Zeit zu Zeit ein wenig Kultur zu schnuppern. Am liebsten jedoch hatten wir unsere Tage schon immer damit verbracht, gemeinsam zu Hause zu sein und unser tägliches Tun dem Lauf der Jahreszeiten anzupassen. Wir hatten gehofft, dass uns die Zivilisation mit all ihren Vorzügen nicht allzu sehr fehlen würde auf dem Hof. Dass wir trotz allem, was wir hinter uns ließen, glücklich werden würden.

Und so ist es auch gekommen. Gleichzeitig genießen wir es bis heute, wenn wir berufliche Termine in großen Städten haben, mit dem Lkw auf Reisen gehen oder mit einer Unternehmenskooperation unterwegs sind. Wir lieben die Abwechslung und wir lieben es, in beiden Welten leben zu dürfen. Außerdem wären wir ohne all die Menschen, die hier zeitweise mit uns leben und arbeiten, doch etwas einsam. Wir haben Glück, so viele HelferInnen zu bekommen. Aber wir investieren auch einen Großteil unserer Zeit, viel Liebe und eine Menge Geld in die Struktur, die wir uns aufgebaut haben, damit all das hier funktioniert. Für uns stehen Gastfreundschaft und Offenheit an oberster Stelle. Wir haben immer Essen im Haus und finden für jeden ein sauberes Plätzchen zum Schlafen. Stundenlang koche, backe und putze ich, damit sich alle hier wohlfühlen. Wir arbeiten fast ausschließlich dafür, Baumaterial und die Menschen, die hier arbeiten und mit uns leben, bezahlen zu können. Patrick versucht, die ganze Bauvorbereitung und Planung in wochenlanger Arbeit so zu übernehmen, dass die Kumpel, die zum Arbeiten kommen, sich im Voraus keine Gedanken machen müssen, sondern ein ordentliches, gut strukturiertes Arbeitsumfeld vorfinden und direkt loslegen können.

Fast täglich bekomme ich Anfragen von Menschen, die hier mit anpacken möchten. Ohne Bezahlung. Einfach gegen Kost und Logis. Gegen gute Gespräche und ein bisschen Urlaub auf dem Bauernhof mit ihren Kindern oder Partnern. Im Grunde ein wirklich schöner Gedanke. Für uns ist das jedoch kaum realisierbar. Die Arbeiten, die hier am Bau verrichtet werden müssen, sind fast ausschließlich von gelernten Handwerkern durchführbar. Teleskoplader, Kräne und Bagger müssen bedient werden, Balken abgerichtet, Fliesen verlegt, Kabel gezogen und Kamine aufgesetzt werden. Wir haben oft darüber nachgedacht, hier und da eines der vielen lieben Angebote anzunehmen, aber uns fällt nichts ein, was dafür geeignet wäre, ungelernte Helferinnen und Helfer tagelang zu beschäftigen. Zudem ist es mit unserer Reichweite inzwischen enorm wichtig geworden, unser Privatleben zu schützen und nicht noch zusätzlich viele erst mal fremde Menschen zu beherbergen und zu umsorgen. Stattdessen konzentrieren wir uns auf ein paar wenige Freunde und Bekannte mit viel Erfahrung am Bau und bezahlen die gängigen Stundenlöhne.

Ich möchte damit lediglich verdeutlichen, dass wir zwar Glück haben, aber dass Glück auch bedeutet, das Leben selbst in die

Hand zu nehmen. Eigene Entscheidungen zu treffen. Wir leben auf einem wunderschönen Hof, weil wir die Kraft aufgewendet haben, alles hinter uns zu lassen. Unsere alte Heimat zu verlassen, unsere Familien und Freunde. Alle Sicherheiten. Wir haben uns jahrelang auf diesen Schritt vorbereitet und sind ihn gegangen, als die Zeit reif war. Mit allen finanziellen, gesundheitlichen und emotionalen Tributen, die das gefordert hat.

Wir haben heute das Glück, einen Beruf ausüben zu dürfen, der es uns erlaubt, die meiste Zeit zu Hause zu sein. Ein Beruf, der uns Freude bereitet, kreativ ist und abwechslungsreich. Dafür jedoch habe ich nach beiden Geburten nur ein paar wenige Tage Pause gemacht. Wir haben seit Jahren jede freie Minute dafür genutzt, uns durch unsere Selbstständigkeit eine finanzielle Freiheit zu erarbeiten. Wir verbringen enorm wenig Lebenszeit vor dem Fernseher oder mit Serien. Wenn ich darüber nachdenke, praktisch nie. Wir haben jahrelang auf alle Ausgaben verzichtet, die nicht zwingend erforderlich waren. Wir hätten nie geglaubt, dass unser Weg uns dahin führt, nun als Content Creator tätig zu sein und mit unseren Lieblingsunternehmen im deutschsprachigen Raum und sogar weltweit zusammenarbeiten zu dürfen. Wir wissen nicht, wie lange wir diese Arbeit machen können und dürfen. Heute bin ich mir jedoch sicher, dass sich immer neue Wege eröffnen, wenn man stetig mit Leidenschaft dabei ist. Wir spüren unser Glück. Weil wir es selbst in die Hand nehmen.

Epilog: Vom Mut, die eigenen Träume zu leben

Patrick und ich hatten den Traum von einem gemeinsamen, idyllischen Leben auf dem Land schon lange geträumt. Ganz heimlich. Jeder für sich. Aber im Herzen jeweils mit dem anderen. Erst als wir mit unserem Lkw samt »Batmobil« mit beiden Kindern und Ole vier Wochen durch Südeuropa gereist waren, haben wir das herausgefunden. Zu dieser Zeit lag der Umzug auf unseren Hof etwa eineinhalb Jahre zurück, und wir genossen es sehr, die wilden, ereignisreichen Monate des Neustarts einfach in Ruhe aus der Ferne zu reflektieren. Alles sacken zu lassen. Uns Zeit zu nehmen, wirklich in uns hineinzuspüren. Den Schritt, den wir gemeinsam gewagt hatten, mit etwas Abstand zu betrachten.

Eines Abends, kurz vor der Heimreise mit der Fähre, auf dem Weg zurück in den kalten deutschen Winter und auf den Hof, auf dem viel Arbeit, jede Menge Tiere und eine kalte Küche auf uns warteten, saßen wir am Strand, hörten den Wellen zu und blickten in die Sterne. Die Kinder waren endlich im Bett, Ole lag zufrieden unter dem Lkw und wir saßen nebeneinander im Sand und teilten uns das letzte Dosenbier. Vier Wochen Italien, Kroatien, Bosnien, Montenegro, Albanien und schließlich Griechenland lagen hinter uns. Unzählige Bekanntschaften, neue Orte und Abenteuer hatten wir gesammelt.

Für die Reise nach Griechenland hatten wir ganz bewusst in

etwa die Strecke gewählt, die wir bereits zehn Jahre zuvor gemeinsam mit dem Fahrrad bis nach Istanbul gefahren waren. Immer am Meer entlang. Wir wollten alles noch mal mit anderen Augen sehen. Nicht in zerrissenen Jeans, auf viel zu alten Fahrrädern, mit zerknüddelten Papierkarten, ohne Handys, einem undichten, zwanzig Jahre alten Zelt und gefühlten drei Euro fünfzig in der Tasche. Dieses Mal wollten wir etwas luxuriöser reisen. Im selbst gebauten Lkw mit Baby, Kleinkind und Hund, mit einer eigenen Küche, einem gemütlichen Bett und genügend Stauraum für Kleidung und Stoffwindeln. Der ein oder andere Ort war uns unterwegs merkwürdig vertraut vorgekommen, und gleichzeitig wurde uns mehr denn je bewusst, was sich in den letzten Jahren auf dieser Welt und in uns selbst alles verändert und entwickelt hat.

»Kannst du dich noch an die Ronychecks erinnern?«, fragte Patrick in die Ruhe hinein, die das gleichmäßig rauschende Meer bei Nacht ausstrahlte.

»Die Ronychecks!«, sagte ich etwas überrascht, auch wenn ich sofort wusste, von wem er sprach. »Ja! Das war doch das Pärchen auf diesem Hof irgendwo in Österreich, auf dem deine Schwester mal ihr Pferd hatte. Oh Mann, ist das lang her.«

Vor vielen Jahren waren wir einmal zu Ostern dorthin gereist, um Patricks Schwester zu besuchen und ihr Pferd dort hinzubringen. Ich war vielleicht 16 und hatte noch nicht einmal einen Führerschein. Patrick war die ganze Nacht mit dem Pferdeanhänger durchgefahren und früh am Morgen waren wir den Feldweg zum Hof entlanggerollt. Bodentiefer Nebel hing über den Weiden, die schwache Morgensonne glitzerte in den Baumwipfeln. Es war ein magischer Moment. Ich erinnere mich bis heute daran, wie die beiden Ronychecks in dieser mystischen Szenerie schweigend nebeneinander auf zwei Holzschemeln auf der Weide saßen und ihre Schafe melkten.

»Weißt du, was ich gedacht habe, als wir die beiden im Sonnenaufgang in ihrem kleinen Melkstand gesehen haben?«, fragte Patrick leise.

»Was?«

»Ich habe gedacht, das sind wir irgendwann!«

»Echt?«

»Ja! Irgendwie trage ich das Bild der beiden so tief im Herzen. Sie strahlten so eine Ruhe und Verbundenheit aus.«

Ich konnte nicht glauben, was Patrick sagte, denn mir ging es ganz genauso: »Dasselbe habe ich auch immer gedacht, und wollte dir das eigentlich gerade erzählen!«

»Verrückt!«, meinte Patrick ein wenig ungläubig. »Dann haben wir also deshalb diesen 500 Jahre alten Hof gekauft und halsen uns jeden Tag so viel Arbeit auf? Damit wir irgendwann mal schweigend nebeneinander in der aufgehenden Sonne sitzen und zufrieden sind?«, er lachte.

»Ich denke, ja«, lächelte ich ebenfalls und legte meinen Kopf auf seine Schulter, während ich die heranschwappenden Wellen beobachtete.

Nach einer kurzen Pause fügte Patrick hinzu: »Ich habe die Reise total genossen, es war so eine wichtige Zeit gemeinsam als Familie. Jolanda zum ersten Mal dabei. Ich bin aber auch immer mal wieder an meine Grenzen gekommen, weil mir zwischendurch die Sinnhaftigkeit gefehlt hat. Ich liebe Albanien, und Griechenland ist toll, aber jeden Tag von einem schönen Ort zum nächsten zu fahren, das erfüllt mich auf Dauer nicht. Ich mag es, am Abend todmüde ins Bett zu fallen. Ich mag es, wenn jeden Tag irgendeine Arbeit auf mich wartet. Ich hatte unterwegs nie so richtig Hunger, keine neuen Schrammen an den Armen und nicht einmal Muskelkater. Der Muskelkater fehlt mir am meisten. Und die warme Ofenbank.«

»Ja, das verstehe ich«, seufzte ich, »ich freue mich auch so sehr auf unseren Hof. Nicht auf den deutschen Winter. Aber auf den Hof. Auf unser Leben dort oben.« Und so war es. Ich freute mich drauf, weiter an unseren Projekten zu arbeiten, diesen Ort gemeinsam zu gestalten. Ich hatte in den vergangenen Monaten gelernt, mich voll und ganz darauf einzulassen. Dranzubleiben. Es hatte eine Menge Mut erfordert, aber von Anfang an war da eine gewisse Magie gewesen. Erlebnisse sind intensiver und von mehr Leichtigkeit erfüllt, wenn man nicht ständig das Gefühl hat, etwas anderes auf dieser Welt zu verpassen. Wenn man nicht denkt, dass das Gras woanders grüner ist. Ich bin so froh über all die Reisen, die wir in den letzten Jahren gemacht haben, und auch über die Reisen, die wir hoffentlich noch machen werden. Die verschiedenen Grüntöne des Grases an anderen Orten zu studieren, macht mich immer wieder dankbar für das Leben, das wir uns aufgebaut haben. Gleichzeitig bin ich auch dankbar dafür, dass es einen Ort gibt, an dem wir ankommen können und von dem wir aufbrechen können. Jedes Schiff da draußen braucht in irgendeiner Form einen Anker, sonst treibt es ruhelos umher.

Patrick und ich waren uns immer gegenseitig ein Anker. In vielen Phasen unseres Lebens ging es so wild und intensiv voran, dass wir kaum Zeit hatten, uns auszutauschen. Auch jetzt auf unserem Hof gibt es Monate, in denen permanent drei bis zehn Menschen mit uns leben und arbeiten. Wir tragen dann die Verantwortung für ihr leibliches Wohl, ihre Arbeitsaufträge, ihre Löhne und das Sozialgefüge. Den Teamgeist. Den Wohlfühlfaktor. Gleichzeitig tragen wir Verantwortung für unsere Kinder, Tiere, Jobs, Finanzen und was da sonst noch nach aktiver Teilhabe schreit. Unsere Tage sind dann im Minutentakt durchgeplant, um das Pensum, das jeder von uns hat, überhaupt stemmen zu können. Es bleibt in diesen Phasen kein Raum für Muße, Austausch oder große Emotionen. Die Dinge müssen funktionieren, Ziele wollen erreicht und Zwischenfälle minimiert werden. Es kommt in den intensiven Bauphasen vor, dass wir wochenlang kaum mehr kommunizieren als ein kurzes »Guten Morgen« und im glücklichsten Fall noch ein »Gute Nacht«. Das ist okay. Weil wir wissen, dass alles gut ist. Weil wir uns vertrauen. Weil wir es aushalten und darauf hinarbeiten, dass auch wieder andere Phasen kommen. Phasen wie die Reise durch Griechenland, wenn wir wochenlang Zeit haben, uns zu unterhalten, füreinander da zu sein, einander zuzuhören, in denen wir überlegen können, wie alle Bedürfnisse, Sorgen, Ängste, Ideen und Potenziale Raum bekommen. Wir haben Zeit für gegenseitige Wertschätzung, neue Erkenntnisse und Zukunftspläne, in denen jeder einen Platz zur Entfaltung bekommt. Ich schätze es so sehr, dass wir gelernt haben, uns gegenseitig zu vertrauen, und dass wir immer davon ausgehen, dass jeder gerade sein Bestes gibt. Das ist gut genug für uns. Wir können einander lassen, wie wir sind, und gleichzeitig habe ich das Gefühl, dass wir jedes Jahr noch weiter aneinander und miteinander wachsen. Mit allen Höhen und Tiefen, die dazugehören.

Unser wilder Hof ist noch lange nicht fertig – wenn man davon überhaupt irgendwann einmal sprechen kann. Auf so einem Hof wird es immer etwas zu tun geben. Ziemlich viel sogar. Alles ist in steter Veränderung. Im Lauf der Tage, Wochen und Jahreszeiten. Wir arbeiten jeden Tag für unseren großen Traum und gleichzeitig leben wir ihn schon jetzt. Heute glaube ich, dass man vor allem eines tun muss, um den eigenen Traum zu leben: aufwachen. Selbst aktiv sein. Es gibt so viele Gründe, irgendetwas nicht zu tun, und es gibt nur einen Grund, sich über alle Hürden, Stolpersteine und Eventualitäten hinwegzusetzen: dieses Kribbeln der Lebendigkeit, das wir spüren, wenn wir unsere Träume selbst in die Hand nehmen. Unser ganz eigenes Leben aktiv gestalten. Auf unsere ganz eigene Art und Weise. Wer macht meinen Weg lebenswert, wenn nicht ich selbst?

In unserem wahr gewordenen Traum ist nichts perfekt. Zwei Jahre sind wir nun hier und noch immer haben wir keine Zentralheizung und damit auch kein warmes Wasser in der Küche. Wir schleppen Holz, halten die Türen im Winter geschlossen und leben und arbeiten in Provisorien. Gleichzeitig ist schon so viel passiert und mit jedem Sanierungsschritt wird unser Leben einfacher. Wir haben keine Garantie dafür, dass wir es wirklich schaffen werden, alles zu sanieren und weiterhin glücklich und gesund gemeinsam hier zu leben. Aber wir sind unterwegs.

Das hier zu wagen, war ein mutiger Schritt. Die eigenen Träume zu leben, ist immer mutig, denn die Gefahr des Scheiterns besteht. Egal, welches Wagnis wir eingehen. Aber was ist das eigentlich, dieser »Mut«? Und wie lebt man seine Träume?

Es gab Zeiten in meinem Leben, da wusste ich nicht, was mein Traum überhaupt ist. Wollte ich als Reporterin durch die Welt reisen und Reportagen für Zeitungen und Magazine schreiben? Als Zirkusartistin auf der Bühne stehen? Seminare für Storytelling in Unternehmen und Akademien geben? Ständig unterwegs sein in schicken Hotels mit einem Chai Latte in der einen und einem Laptop in der anderen Hand? Oder doch lieber auf den eigenen Bauernhof mit Hühnern, Schafen und Kühen ziehen und irgendwo ganz weit draußen eine Familie gründen und in der Erde buddeln? Was passiert in dem Szenario mit meinen anderen inneren Anteilen? Was ist mit der reiselustigen Entdeckerin? Wo bleibt die gesellschaftsfähige und wissbegierige Seminarleiterin? Und welche Bühne sollte ich dann bespielen? Woher soll man wissen, wie man glücklich wird, wenn man doch so viele Seiten im eigenen Herzen trägt und keine dieser Seiten verkümmern lassen möchte?

Ich glaube, drei Dinge haben mich hierhergeführt. An diesen Punkt, an dem heute alles zusammenläuft. Wir kommen hier oft an unsere Grenzen, sind überarbeitet, übermüdet, kraftlos. Das ist okay. Die Realität besteht aus vielen Facetten. Und so kann ich nach all dem, was ich in den letzten Jahren ausprobiert habe, behaupten, dass ich glücklich bin. Zufrieden mit dem Lauf der Dinge. Jeden Tag dankbar für alles, was wir uns erschaffen haben.

Zunächst ist es wichtig, Dinge auszuprobieren. Träume sind etwas Dynamisches, denn sie sind so beweglich wie das Leben selbst und verändern sich mit den unterschiedlichen Lebensphasen auch immer wieder. Sich selbst kennenzulernen, geht nur über Erfahrung. Solange ich lebe, möchte ich so viele unterschiedliche Erfahrungen wie möglich sammeln. Wie sonst sollte ich wissen, wie sich Leben anfühlt? Wie sich MEIN Leben anfühlt? Wie sich Träume und Visionen in der Realität anfühlen, die ich mir bisher nur im Kopf zusammenstricke?

Genau dieser Wunsch, so viele verschiedene Erfahrungen wie möglich zu sammeln, hat mich andererseits jedoch lange davon abgehalten, ein Landleben irgendwo am gefühlten Rand der Welt zu führen. Und das war aus heutiger Sicht genau richtig. Ich bin viele Wege gegangen, obwohl ich immer gespürt habe, dass ich ein Naturkind bin, immer war und bleiben werde. Heute bringe ich mit meinem Beruf als Content Creator alles zusammen, was mir am Herzen liegt. Diesen Beruf kann ich aber nur ausüben, weil ich so viel gelernt habe über Geschichten, die große, weite Welt und darüber, dass jeder Mensch eine eigene Meinung hat und dass das in Ordnung ist. Ohne meine wilden, bunten Erfahrungen der letzten Jahre wäre ich schon längst zerbrochen an dem Druck, ständig in der Öffentlichkeit zu stehen, ständig dem Urteil fremder Menschen ausgesetzt zu sein. Ich hätte nicht gewusst, worauf es ankommt, wenn man die eigenen Geschichten aus dem täglichen Leben mit Hunderttausenden Menschen teilt. Heute kann ich aber trotzdem auch in Ruhe stundenlang mit den Kindern in der Küche stehen und Semmelknödel rollen. Mir fehlt nichts, denn ich verbiete mir keine meiner inneren Seiten. Aus den Semmelknödeln entsteht gleich am nächsten Tag ein kleines Video als Anleitung für die Social-Media-Community, und so ist auch meine künstlerische Seite glücklich.

Der erste Schlüssel, um die eigenen Träume zu leben, ist also meiner Meinung nach: einfach machen. Alles ausprobieren. Auch mal ohne Ausbildung loslegen und aus den eigenen Fehlern lernen. Wenn wir ohne perfekte Vorbereitung mit irgendetwas anfangen, das wir uns spannend oder lustig vorstellen, werden wir höchstwahrscheinlich Fehler machen, aber gleichzeitig garantiert sehr viel lernen. Egal, ob sich der Traum in der Realität dann noch genauso gut anfühlt, wie wir hofften, oder nicht – wir nehmen neue Erfahrung und damit neues Wissen mit und haben somit einen weiteren Baustein geformt, um unseren Traum auf einem ordentlichen Fundament aufzubauen. In der heutigen Welt gibt es bereits alles. Aber es gibt »meins« noch nicht. Die Art und Weise, wie ICH mein Leben führe mit allen Erfahrungen, mit allem Wissen, das ich gesammelt habe. Die Welt ist reif für individuelle Wege und wir dürfen es wagen, unsere Träume selbst in die Hand zu nehmen, dabei nicht immer alles im Griff zu behalten und gerade deshalb einen Schritt voranzukommen.

Der zweite Schlüssel, um die eigenen Träume zu leben, ist die Angewohnheit, frei zu denken. Freies Denken ist meiner Meinung nach tatsächlich nicht viel mehr als eine Angewohnheit. Wir alle kommen – das wird mir klar, wenn ich heute meine Kinder beobachte – zwar mit dieser wundervollen Fähigkeit auf die Welt, gewöhnen sie uns jedoch Stück für Stück ab, um besser in die Gesellschaft zu passen. Als Herdentier hängt unsere Existenz davon ab, gemocht und gewollt zu werden. Manche von uns konnten als Kind keine bedingungslose Liebe und Akzeptanz spüren. Das bedeutet die pure Bedrohung der eigenen Existenz. Eine Verunsicherung, die wir ein Leben lang mit uns herumtragen. Wir sind dann so stark damit beschäftigt, dazugehören zu dürfen, dass wir uns nicht mehr erlauben, frei zu denken. Oder wir werden pauschal und radikal in unseren Ansichten, um unser fehlendes Gefühl von Zugehörigkeit zu bestätigen. Es ist dann harte Arbeit, sich selbst lieben zu lernen. Jede und jeder von uns trägt ein eigenes Päckchen durch die Welt, und auch wenn Patrick und ich heute alles dafür geben, unsere Kinder als mutige, freie und starke Wesen in die Welt zu entlassen, so werden wir trotzdem Fehler machen. Egal, wie viel Liebe und Mühe wir investieren – kein Kind kommt ohne Negativerfahrung aus der eigenen Kindheit heraus, denn kein Erwachsener ist perfekt. Das gilt es zu akzeptieren. Trotzdem möchte ich den freien Willen bei uns selbst und damit auch bei unseren Kindern immer wieder fördern. Wenn man einen Hof saniert, Kinder großzieht, ein Unternehmen gründet oder eine Landwirtschaft hat, begleitet einen täglich die Frage: »Wie?« Wie baue ICH meinen landwirtschaftlichen Nebenerwerb auf? Wie saniere ICH einen komplett maroden Bauernhof? Was ist MEINE Art, mich auf Social Media zu präsentieren? Auf welche Weise möchte ICH kleine Wesen in die Welt begleiten?

Der freie Wille kommt aber nicht nur bei großen Fragen ins Spiel, sondern vor allem auch im ganz Alltäglichen. Wie gestalten wir unser Abendessen als Familie? Mit einem Tischgebet? Und wenn ja, was soll es beinhalten und warum? Oder doch lieber mit einem Tanz um die Stühle? Draußen im Wald auf einer Picknickdecke? Oder auf dem Sofa in der Stube ganz ohne Tischmanieren? Die kleinen, alltäglichen Details sind es schlussendlich, die unsere Träume lebendig machen. Das Leben auf so einem alten Hof abseits der Zivilisation wäre doch ziemlich hart, einsam und traurig, würden wir uns, ohne selbst nachzudenken, einfach an alle Regeln halten, die noch vor 100 oder 200 Jahren hier galten.

Der dritte Schlüssel, der Mut macht, sind inspirierende Bilder, Lebensentwürfe oder Vorstellungen, denen wir irgendwann, irgendwo völlig unverhofft oder durch aktive Recherche begegnen und die wir aus irgendeinem Grund lebhaft in unserem Herzen aufnehmen. Ein nebliger Morgen, die aufgehende Sonne und eine ruhige, zufriedene Geschäftigkeit in der Luft. Irgendwo ganz weit draußen zwischen Schafen, Wiesen und Wäldern. Wir alle tragen solche Bilder der Sehnsucht in uns, denn sie sprechen einen Bereich in uns an, der gelebt werden möchte.

Heute begegnen wir täglich Abertausenden solcher Bilder und Lebensentwürfe. In den sozialen Medien, im Fernsehen, in Magazinen, Büchern, im Radio und auch unserem ganz normalen Alltag. Ständig hat irgendwer irgendwo alles erreicht, lebt seinen Traum, ist glücklich und zufrieden und einfach rundum beneidenswert. Doch Neid blockiert und lähmt uns, denn ständig sehen wir Menschen, die irgendwo stehen, wo wir (noch) nicht sind. Zwei Dinge habe ich über erfolgreiche Lebensgeschichten gelernt. Erstens: Jeder Mensch zahlt einen Preis auf seinem Weg. Zweitens: Mein ganz eigener Weg besteht aus ganz eigenen Komponenten und nur wenn ich auf mich und meine Voraussetzungen, mein Können, meine Ressourcen und Leidenschaften blicke, bin ich auf dem richtigen Weg. Es gibt keinen Grund, andere Menschen um ihren Mut, ihre gelebten Träume und ihre Erfolge zu beneiden. Andere Menschen stecken in völlig anderen Lebenssituationen, kommen mit völlig anderen Herausforderungen in diese Welt und damit ist kein Weg vergleichbar. Trotzdem kann man andere Lebensentwürfe als Inspiration verstehen. Die große Herausforderung, wenn man in dieser Welt die eigenen Träume leben möchte, ist es, sich einerseits von der Fülle der Bilder anregen zu lassen, ohne Zweifel am eigenen Selbstwert zu hegen, und andererseits dankbar den eigenen Weg zu gehen. Die inneren Traumbilder auf die eigene Art und Weise Realität werden zu lassen.

In meinem Leben bin ich vielen Traumbildern hinterhergerannt. Ein Leben als Kriegsreporterin, das ich mir so abenteuerlich und ja, irgendwie groß und wichtig vorgestellt habe. Die meisten dieser Traumbilder haben sich in der Realität für mich jedoch anders angefühlt als in meiner Vorstellung. Dennoch war es so unendlich wichtig loszugehen, es einfach mal auszuprobieren. Nur deshalb kann ich heute aus vollem Herzen sagen, dass ich meinen Traum lebe. Den einen Traum, der sich aktuell am besten anfühlt. Auf unserem wilden Hof irgendwo ganz weit draußen im Süden Deutschlands mit meiner Familie, unseren Tieren und vielen Menschen via Social Media. Ich bin voller Dankbarkeit und Stolz für unseren bisherigen Weg, denn er hat viel Magie und Lebendigkeit bereitgehalten. Nun blicke ich gespannt in die Zukunft. Wir wissen nicht, wie unser Leben in zehn Jahren aussehen wird, aber wir tragen die Gewissheit im Herzen, dass wir es zu weiten Teilen selbst in der Hand haben. Jeder Tag, den wir in Frieden gemeinsam mit unseren liebsten Menschen verbringen dürfen, ist ein Geschenk. Ich nehme an, was kommt. Ich akzeptiere, was ist. Ich fühle mich sicher und frei.